页岩气藏 CO_2 干法压裂研究

罗向荣　著

中国石化出版社

内 容 提 要

本书在研究页岩气储层基本特征的基础上，针对 CO_2 干法压裂中 CO_2 与页岩气储层的相互作用问题，通过等温吸附实验研究页岩对 CO_2/CH_4 及 CO_2 和 CH_4 二元气体的吸附特性。然后，通过增黏剂的筛选对 CO_2 干法压裂液进行改良，进而开展改良 CO_2 干法压裂液的流动、携砂等特性研究，获得相应的计算模型。同时，通过数值计算得到干法压裂液在井筒内的温度压力分布。最后，对页岩气藏 CO_2 干法压裂裂缝网络形成机制进行理论分析，并使用裂缝网络压裂模拟软件对干法体积压裂工艺参数进行优化设计。

本书可供从事页岩气开发工作的科研人员和技术人员阅读，也可供从事新能源研究的人员及高等院校相关专业的师生参考。

图书在版编目(CIP)数据

页岩气藏 CO_2 干法压裂研究/罗向荣著.—北京：
中国石化出版社,2018.12
ISBN 978-7-5114-5085-2

Ⅰ.①页… Ⅱ.①罗… Ⅲ.①油页岩-气田开发-气体压裂-研究 Ⅳ.①TE375

中国版本图书馆 CIP 数据核字(2018)第 254706 号

中国石化出版社出版发行
地址：北京市朝阳区吉市口路 9 号
邮编：100020 电话：(010)59964500
发行部电话：(010)59964526
http://www.sinopec-press.com
E-mail：press@sinopec.com
北京柏力行彩印有限公司印刷
全国各地新华书店经销

*

850×1168 毫米 16 开本 7.375 印张 173 千字
2018 年 12 月第 1 版 2018 年 12 月第 1 次印刷
定价：35.00 元

前　言

　　能源是整个世界发展和经济增长的最基本的驱动力，是人类赖以生存的基础。纵观人类社会进步的历程，人类利用能源经历了高碳、中碳到低碳的过程，并将发展到无碳的时代。随着低碳能源时代的到来，天然气的利用是实现低碳能源的最佳选择。随着石油资源的大量消耗及可采资源量的减少，能源供给已进入了后石油时代，全球能源供给将由以煤炭和石油为主转变为更清洁、更环保的天然气，从而进入人类利用能源的天然气时代。页岩气藏作为主要的非常规气藏之一，其勘探开发已成为全球资源开发的一个热点，页岩气为全球能源市场注入了新的力量。美国已经率先实现页岩气的工业开采，并在世界范围掀起了一场页岩气的革命。我国页岩气资源潜力大，可采资源量为 $25.08 \times 10^{12} m^3$，但多分布于西部干旱地区，且储层黏土矿物含量较高。传统水基压裂液用于页岩气开发时，耗水量大，储层伤害严重，不适用于我国页岩气储层的压裂改造。因此，亟需形成一套适合我国页岩气藏的开发技术。将 CO_2 干法压裂技术应用于我国页岩气藏的开发，具有不耗费水资源、对储层低伤害、有利于 CH_4 解吸等优势。

　　近几年来，作者所在的科研团队在多个科研项目，特别是在国家自然科学基金和陕西省科技统筹创新工程计划项目的资助下，针对页岩气藏 CO_2 干法压裂技术涉及到的关键问题进行了深入研究。本书第 1~3 章主要论述采用 CO_2 干法压裂技术开发国内页岩气藏的必要性和重要意义，指明该技术目前存在的问题，并对国内页岩储层特征进行详细研究，通过吸附实验，研究页岩对 CO_2 和 CH_4 的单组分和双组分吸附特性，从热力学

角度揭示 CO_2 和 CH_4 在页岩中的竞争吸附机理。第 4 章在筛选增黏剂的基础上，对改良的 CO_2 干法压裂液的性能进行评价，阐明各因素的影响机制，并获得相应参数的计算模型。第 5 章建立压裂井筒温度压力场非稳态耦合模型，通过数值计算得到井筒温度压力的分布。第 6~7 章基于岩石断裂力学理论，进行页岩干法压裂缝网形成机制的研究，并采用压裂模拟软件，对 CO_2 干法体积压裂进行模拟研究，优选压裂层段，分析排量、压裂液总量等对压裂效果的影响规律，得到最优压裂工艺参数。

本书在撰写过程中得到西安石油大学领导、专家的支持和帮助，得到西安石油大学优秀学术著作出版基金、国家自然科学基金项目《页岩气藏 CO_2 干法压裂流固耦合响应及其机理研究》(批准号：51741407) 和陕西省科技统筹创新工程计划项目《陆相页岩气高效开发的 CO_2 干法压裂技术研究》(编号：2015KTCL01-08) 的资助，在此一并表示感谢。作者在学习研究、资料收集、野外工作的过程中，得到了西安交通大学王树众教授、青海油田勘探开发研究院臧士宾副总地质师、川庆钻探工程研究院李志航副总工程师等石油工程界专家和同行的指导与帮助，在此特别致谢。

本书是作者从事页岩气学习和研究过程中的初步成果，加之作者水平有限，书中难免有错误和不足之处，敬请读者批评指正。

目　录

1 绪 论

当前，世界政治、经济格局深刻调整，能源供求关系变化急剧，我国油气能源对外依存度不断升高，能源安全存在较大隐患，安全保障面临严峻挑战。面对能源供需格局新变化、国际能源发展新趋势，优化我国能源结构、大力开发非煤能源，降低油气对外依存度，是我国能源发展的重要任务和确保我国能源安全的重要战略。近年来，国际上在页岩气、煤层气、天然气水合物等非常规天然气资源勘探与开发方面取得了长足的进展。页岩气藏作为主要的非常规气藏之一，其勘探开发已成为全球资源开发的一个热点，北美自 2009 年掀起了"页岩气革命"，得益于先进的水平井水力压裂开采技术和发达的天然气管道网络，美国、加拿大成功地进行了非常规油气尤其是页岩气的大规模商业化开发，引起了世界各国的高度重视，为解决油气资源问题提供了新的途径。我国页岩气资源潜力大，分布面积广，发育层系多，具有实现页岩气跨越式发展的有利条件。据国土资源部最新公布的全国页岩气资源潜力调查评价结果，我国页岩气地质储量为 $134.42 \times 10^{12} \mathrm{m}^3$，可采资源潜力为 $25.08 \times 10^{12} \mathrm{m}^3$，与美国的 $28 \times 10^{12} \mathrm{m}^3$ 的技术可采量大致相当，四川盆地及其周缘地区、中下扬子地区、鄂尔多斯盆地、柴达木盆地、塔里木盆地等是我国页岩气勘探开发的重点地区[1]。目前，中国页岩气开发方兴未艾。因此，加快国内页岩气的勘探和开发，对改善能源结构、实现节能减排、降低能源对外依存度、保障国家能源战略安全以及促进能源安全稳定可持续发展具有重要意义。如何高效的开发我国的页岩气资源已经成为了一项重要的课题。

1.1 国内页岩气开发的难点

页岩气是从黑色泥页岩或者碳质泥岩地层中开采出来的天然气，页岩气储层具有低孔、低渗的特点，必须通过压裂改造才能进行有效开发[2,3]。根据美国的开发经验，滑溜水压裂技术是一种有效的开发页岩气的压裂技术，但这种开发技术需要消耗大量的水，且会对环境造成极大破坏，据美国国家环境保护局(EPA)统计，单口页岩气井平均用水量在 $0.76×10^4 \sim 2.39×10^4$t(取决于井深、水平段长度、压裂规模)，其中60%左右的水在压后滞留于井下，这不仅会对储层造成伤害，而且还对地下水造成潜在的威胁[4-6]。美国水资源相对丰富，大致可以满足开发需求。但中国水资源相对匮乏，很难满足大量清水需求。中国水资源调查结果显示，柴达木盆地、四川盆地、塔里木盆地、华北平原、鄂尔多斯盆地等地区都为严重缺水地区，而我国的页岩气资源也基本上富集于这些地区或邻近区域。考虑到我国页岩气富集区大部分存在缺水或少水的现状，大规模的页岩气资源开发会消耗大量的清水资源，因而必然使开发区域的生态环境和人民生活面临严峻的考验[7]。此外，需要强调指出的是，美国主要的页岩气盆地其储层黏土矿物含量少，石英、长石等脆性矿物含量高，而国内页岩气储层中黏土矿物含量较高，尤其是国内陆相页岩气储层(例如鄂尔多斯盆地三叠系延长组页岩储层)，黏土矿物含量甚至超过60%，主要包括伊利石、绿泥石、高岭石和蒙脱石。在水基压裂液侵入页岩储层时，黏土矿物遇水膨胀，会对页岩储层造成极大的渗透率伤害。国内页岩储层尤其是陆相页岩储层大多属于常压或异常低压储层(如三叠系延长组长7段页岩的压力系数为0.6~0.8)，并且页岩的孔喉较小，排驱压力较高，入井工作液的水锁效应明显，压后返排速度慢。因此，对于我国页岩气藏的开发而言，不能简单照搬国外技术，亟需一种用水量少(甚至无水)、对环境无污染、对储层伤害小且返排迅速的先进压裂技术。

CO_2 干法压裂是一种以无伤害液态 CO_2 作为携砂液进行压裂施工的工艺技术，液态 CO_2 压裂施工时，CO_2 保持液态(或超临界态)，施工结束后 CO_2 变成气态从储层快速排出，无残留，对储层完全无伤害，对环境无污染，相比常规压裂工艺，对水敏性低渗致密砂岩气藏增产效果明显。基于前期对 CO_2 干法压裂技术在低渗油气藏压裂改造中的应用研究，本书提出将 CO_2 干法压裂技术应用于国内页岩气藏的开发，这里需要强调指出的是，页岩气藏的压裂通常是以增加裂缝长度和形成裂缝网络为主要目标，CO_2 干法压裂液黏度较小，穿透能力强，更容易沟通天然裂缝，形成裂缝网络。因此，将 CO_2 干法压裂技术应用于页岩气藏的开发具有不耗费水资源、对储层无伤害、返排迅速、造缝能力强的极大优势。此外，页岩气藏中吸附气含量范围较宽，约 $20\% \sim 85\%$，游离气主要决定气井初期产量，吸附气则主要决定气井稳产期，当 CO_2 进入页岩储层时，可有效置换页岩中的 CH_4 分子，CO_2 分子则以更强大的吸附力被束缚在页岩表面或驻留在储层孔隙中[8]。因此，采用 CO_2 干法压裂技术开发页岩气藏不仅可以极大地提高页岩气藏的采收率，同时还具有节能减排的作用。

总之，国内页岩气开发潜力巨大，将用于低渗油气藏开发的 CO_2 干法压裂技术应用于国内页岩气藏的开发具有极大的优势，与常规压裂技术相比，CO_2 干法压裂技术较为复杂，此技术涉及 CO_2 干法压裂液的改良、井筒内压裂液温度和压力分布等关键科学问题，需要进行深入详细的研究，通过这些关键问题的研究，不仅能丰富相关的基础理论体系，同时可为页岩气藏 CO_2 干法压裂工艺优化设计提供理论支撑。

1.2 关键技术问题

1.2.1 CO₂干法压裂液配方的改良

CO_2干法压裂技术的最大特点是使用液态CO_2作为携砂液，CO_2的物理化学性质使得干法压裂具有其独特的优点。一方面，其对地层伤害最小。采用无水无伤害性液体CO_2作为携砂液，避免了对地层渗透率的负面影响，对添加剂的需要是各种压裂液中最少的，减少了压裂液残渣，不会像其他压裂液那样在地层中造成压裂液滞留问题，液态CO_2在压裂过程中受热膨胀，全部汽化并回流到井筒；另一方面，干法压裂后洗井排液的速度快、效率高。干法压裂液将会在井筒和地层中汽化膨胀，压裂改造结束后可以完全依靠地层自身的压力在 1～4 天内实现快速高效的洗井排液，同时还可以及时对地层产能进行评价，从而缩短整个压裂周期。但干法压裂技术最大的缺点也是使用CO_2作携砂液。因为CO_2的黏度很低，在储层环境下约 $0.03 \sim 0.10 MPa \cdot s$，为水的十分之一，由此带来的是携砂能力差、摩阻高、液体容易滤失等问题。如果CO_2的黏度得到提高，作为压裂液将更好地减小滤失、均匀布砂，从而改善压裂效果，最终提高产量。因此，如何增加CO_2的黏度，对干法压裂液配方进行改良，提高压裂液的携砂能力，扩大干法压裂技术的使用范围是干法压裂技术研究中的重点问题。

1）CO_2增黏特性研究

对CO_2增黏，理想的情况是希望CO_2的黏度可以增加 2～1000 倍，同时加入的化合物不会对地层造成伤害。在液态CO_2中加入适量的增黏剂是一种常用的增黏方式。目前用于CO_2增黏的化合物主要有三种：高分子聚合物、分子量相对较小的化合物、可高度溶解于CO_2的新型高黏分子。

高聚物只有在较高的浓度下才能极大地提高压裂液的黏度，例如，可高度溶解于 CO_2 的氟化丙烯酸盐，只有在浓度为 8%（质）时才能把 CO_2 黏度从 $0.08MPa \cdot s$ 提高到 $0.6MPa \cdot s$。含有氟聚物和极性基团的远螯离子交联聚合物在浓度为 4%（质）时才能把 CO_2 的黏度提高两倍。Bae[9] 的研究结果也表明，干法压裂液黏度要提高 10 倍至少需要 6%（质）的聚合物。Desimone 等[10,11] 通过研究发现，PFOA（全氟辛酸）可以溶解在 CO_2 中，在 50℃ 条件下采用落球黏度计测试得到，CO_2 黏度大幅增加，当压力大于 300 个大气压，浓度为 6.7%（质）时，增黏倍数接近 6 倍。Xu 等[12] 开发的增黏剂是一种 79%（摩尔）的亲 CO_2 的氟化丙烯酸酯单体和 21%（摩尔）的适度憎 CO_2 的苯乙烯单体组成的随机共聚物 polyFAST，不同于其他常见的极性或离子交联基团，芳香环通过 π-π 堆叠作用（由于芳香环外围不同的电子密度）相互吸引，共聚物可溶解于 CO_2，并且在 25℃、15MPa 条件下，当浓度为 1.5%（质）时，其增黏倍数为 20 倍。Wang 等[13] 比较了可溶于 CO_2 的高分子聚合物在 CO_2 中的溶解能力，确定在 25℃ 条件下溶解 5%（质）聚合物所需压力为浊点压力，研究发现，在 CO_2 中溶解性最好的高分子聚合物是 PFA（可溶性聚四氟乙烯），其次为 PDMS（聚二甲基硅氧烷）、PVAc（聚醋酸乙烯酯），所有氧化的碳氢聚合物在 CO_2 中溶解性都低于 PVAc。

分子量相对较小的化合物也可增加 CO_2 黏度，这种化合物可通过交联、氢键联结或微团结构形成高黏虚拟网状聚合物，但由于这些低分子化合物含有极性基团，因而会降低其在 CO_2 中的溶解能力，因此，使用这种化合物提高 CO_2 黏度时需要添加大量的助溶剂来提高其在 CO_2 中的溶解能力。含有能相互结合或自主联结极性功能基团的低分子聚合物，虽然分子量较低，却含有能促进分子间相互作用但会降低溶解能力的极性基团（如羧基酸、磺酸盐），能在助溶剂的作用下在压裂液中形成高黏虚拟网状结构，在低浓度时就能把压裂液的黏度提高到较高的水平[14-16]。如图 1-1 所示，这些网状结构虽然不是以共价键联结，但分子量却相当大，这可有效地提高 CO_2 的黏度。低分子交联稠化剂如 HAS(十二羟基硬脂酸)、三丁基锡氟化物和羟基铝虽不溶于纯 CO_2，但在 CO_2 含助溶剂时能形成高分子结构，Gulla-palli[17]的研究结果表明，当加入助溶剂时(例如 10%~15%的乙醇)，在稠化剂浓度为 1%~3%(质)时，这种结构就能把 CO_2 的黏度提高 1~3 个数量级。因此，在把 CO_2 黏度提高 10 到 100 倍上，低分子交联稠化剂比高分子聚合物更有前途。

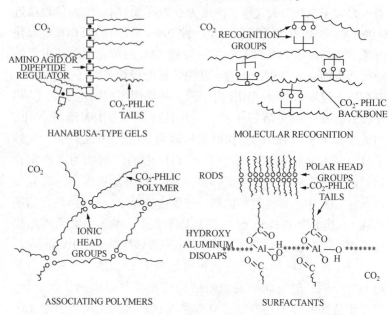

图 1-1　用低分子交联剂形成的虚拟网状结构

还有一种高度溶解于 CO_2 的新型高黏分子增黏剂也可显著增加 CO_2 黏度，Paik 等[18]设计出了具有 1 个或 2 个脲素基团的小分子化合物，如图 1-2 所示，脲基可以通过氢键与相邻分子上的脲基相互作用，在 CO_2 溶液中形成缔合的长链高分子，互相缠绕形成空间网络结构，使 CO_2 黏度增加。这些小分子化合物无需加热即可溶解于 CO_2，在 25℃、31MPa 条件下，当浓度为 5%(质)时，CO_2 黏度增加 3~5 倍。Trickett 等[19]设计了三种表面活性剂类增黏剂，它们不仅溶于 CO_2，而且能形成增黏的蠕虫状的胶束，相行为的实验研究结果表明，在 5%(质)的浓度下，当温度为 295K，压力低于 20MPa 时，增黏剂都可溶解于 CO_2，且增黏效果显著。此外，也可通过把亲 CO_2 的基团如氟化乙醚和硅氧烷并入亲 CO_2 功能基团的结构中设计出能高度溶解于 CO_2 的化合物，氟化乙醚和硅氧烷等官能团用来作化合物的基尾。Enick[20,21]研究组为各种反应和分离过程设计并合成了一系列不需要助溶剂就能高度溶解于 CO_2 的表面活性剂、螯化剂和分散剂，这一原理可应用到 CO_2 稠化剂的设计上，但这种新型高黏分子也不能极大地提高干法压裂液的黏度。值得注意的是，为提高在 CO_2 中的溶解度而设计的无规卷曲高黏分子，尽管不需要添加助溶剂，但它们都是用昂贵的氟化前驱物合成的。

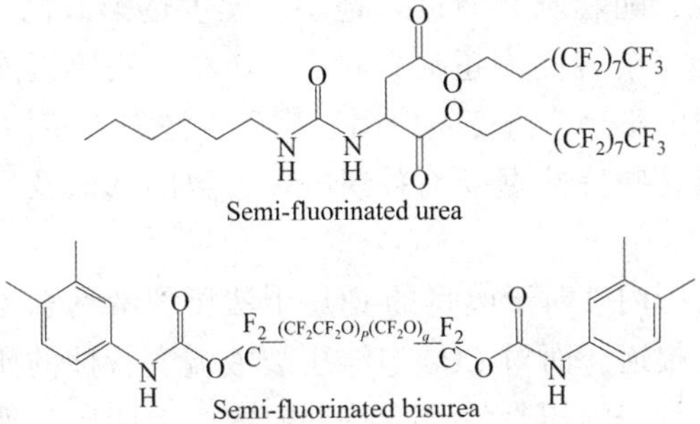

图 1-2 脲素基团相互作用结构

现已确定的增黏剂有两种：一种是高分子 CO_2 增稠聚合物；另一种是新型表面活性剂类增黏剂。这两种增黏剂在不需要助溶剂的情况下都可以在浓度为几个百分点时提高 CO_2 的黏度，但它们都是用昂贵的氟化物合成的，因此，继续寻找廉价、有效的 CO_2 稠化剂或设计出基于硅基或氟基化合物的稠化剂仍是当前面临的主要问题。另外，对于页岩气藏的压裂改造而言，必须保证加入的稠化剂不会对页岩储层造成较大的伤害，本书将在文献综述的基础上选择典型的增黏剂进行 CO_2 增黏特性实验研究，从而筛选出高效的 CO_2 增黏剂，并对改良的 CO_2 干法压裂液进行性能评价，为页岩气藏 CO_2 干法压裂工艺设计奠定基础。

2）改良的 CO_2 干法压裂液的流动特性

纯 CO_2 为牛顿流体，但在 CO_2 中加入增黏剂后，可能会改变流体的性质，"CO_2+增黏剂"体系可能表现为非牛顿流体[16]，因此，改良的 CO_2 干法压裂液体系的黏度应当在剪切条件下进行测试，但在以往的 CO_2 增黏特性实验研究中常常采用落球式黏度计，因而不能实现变剪切速率的要求[12]，可见，必须在高温高压变剪切速率条件下深入研究"CO_2+增黏剂"体系的流变行为。同时，在干法压裂实际作业过程中，常常将高压下的过冷液态 CO_2 与支撑剂先进行混合后再与增黏剂混合，然后注入地层进行压裂。随着压裂液进入地层，温度逐渐升高，高压 CO_2 由过冷液态完全转变为超临界状态，CO_2 干法压裂液由于受到温度、压力影响，流变、摩阻、携砂、滤失等特性变化复杂，而压裂液的这些特性直接关系到压裂参数的选取及后续的压裂设计。

目前，国内外对于改良的 CO_2 干法压裂液动态流变特性的研究还未见报道，而对 CO_2 泡沫压裂液流变特性的研究比较广泛，相比于常规的压裂液流变特性研究，泡沫压裂液流变特性的影响因素更多，主要包括温度、压力、剪切速率、泡沫质量等因素。Weaire 等[22]研究了泡沫流体在不同内径的毛细管中的流变特性，研究结果表明，泡沫流体的总体流变特性表现为宾汉塑性流体特性，并且当泡沫流体积份额小于 0.54 时，可以将泡沫流体认定为牛顿流体，当管流剪切速率足够高时，泡沫流体的黏度将仅仅与流体的泡沫体积份额有关，将不在随剪切速率变化，而当流体的泡沫体积份额大于 0.97 时，体系的流型将由泡状流转变为段塞流或雾状流。Reidenbach 等[23]采用环流装置开展了不同内相形成的常规泡沫压裂液以及凝胶型泡沫压裂液的流变特性的对比试验研究，内相主要采用的是 N_2 以及 CO_2，通过实验研究发现，对于胶凝型泡沫压裂液，采用 H-B 模型可以很好的描述其流变特性，普通泡沫压裂液，则适于采用 Bingham 模型来描述其流变特征。同时，泡沫压裂液的流变指数与液相的值相同，但泡沫的流变系数是液相流变系数和泡沫质量的函数。Khade 和 Shah[24]通过实验研究提出了胍胶流体的流变参数经验联式，接着在此基础上又提出了不同浓度下胍胶稠化泡沫的流变参数经验关系式。Harris 和 Pippin[25]则研究了胍胶含量、基液 pH 值、温度和气相体积份额对交联泡沫压裂液有效黏度的影响，研究发现，交联泡沫压裂液的有效黏度比非交联泡沫压裂液的高 3~10 倍，但是当胍胶含量超过 $4.8kg \cdot m^{-3}$ 时，交联泡沫压裂液的有效黏度反而会随着气相体积份额的增加而降低。此外，国内西安交通大学王树众课题组[26-29]、中国石油勘探开发研究院廊坊分院卢拥军[30]、中国石油大学杨胜来[31]等也对泡沫压裂液的流动特性进行了相关的研究。

通过文献综述发现，绝大多数泡沫流动实验仅限于低压流变试验，研究泡沫压裂液时的压力条件也达不到实际压裂施工压力，试验数据的重复性差且相互间存在较大的出入[32-34]，这里需要强调指出的是，目前国内外相关研究的实验压力远未达到实际的施工压力：国内对泡沫压裂液流动特性研究的最高实验压力为 $8.3MPa$[30,31,35]，国外对 CO_2 泡沫压裂液流动特性研究研究的极限压力也仅为 $13.8MPa$[36-38]。而实际压裂施工的压力往往高达几十兆帕，干法/泡沫压裂液中的 CO_2 或 N_2 处于超临界状态，具有较大的压缩性，较低的试验压力不足以反映实际施工条件下压裂液的流变特性。因此，正确认识施工条件下 CO_2 干法压裂液的流变特性对合理选择压裂参数、准确进行裂缝预测、有效实施干法压裂工艺和正确评估压裂效果至关重要，是影响压裂成败的最重要因素。

当携砂压裂液进入裂缝时，由于受到重力的作用，支撑剂会在裂缝中逐渐产生沉降现象。携砂性能好的压裂液能够将支撑剂全部均匀地带入储层裂缝，使得压裂开采增产率得到进一步提高。而携砂性能差的压裂液，会使得支撑剂在进入裂缝的过程中很快发生沉降，导致支撑剂不能全部进入裂缝，影响压裂效果，更严重的会使得支撑剂沉聚于井筒或井底附近造成砂卡、砂堵等事故，导致整个压裂作业失败。在压裂液的携砂特性方面，目前主要集中于牛顿流体和非交联非牛顿流体的实验研究和数值模拟方面，对实际应用的 CO$_2$ 干法/泡沫流体的携砂能力研究还非常欠缺。Hannah 和 Harrington[39]采用了不同的实验装置对单颗粒支撑剂在非牛顿流体内的沉降速度进行了研究。同时 Babcock 等[40]还对垂直狭槽中支撑剂在非牛顿流体内的沉降过程进行了研究，结果发现无论是在静止条件下还是在流动条件下，用基于幂律模型的 Stokes 公式计算得到的理论颗粒沉降速度与实验结果偏差较大。随后 Roodhart[41]采用三参数模型部分解决了上述问题，但该模型只能用于非交联胍胶液和支撑剂浓度不是很大的情况。Peter 和 Economides[42]对泡沫压裂液的携砂特性进行了实验研究，但并未对高温多孔介质内复杂条件下的携砂泡沫压裂液进行研究。目前，对于改良的 CO$_2$ 干法压裂液的携砂特性研究还未见报道，与常规压裂液携砂实验相比，CO$_2$ 携砂实验更为复杂，要实现 CO$_2$ 携砂需要解决的首要问题是 CO$_2$ 与支撑剂在密闭高压条件下进行混合，因此，设计一个可耐高压的密闭携砂装置，充分研究高压条件下改良的 CO$_2$ 干法压裂液的携砂性能对于实际的压裂作业具有重要的指导意义。

1.2.2 井筒温度压力分布

在页岩气井 CO$_2$ 干法压裂过程中，井筒内的温度与压力影响 CO$_2$ 干法压裂液的相态及物性参数，准确计算井筒内压裂液的温度和压力是压裂设计的基础，但常规的水力压裂井筒传热模型却不能描述 CO_2 干法压裂过程中温度、压力和热物性参数间相互影响的问题。因此，需建立温度压力耦合的非稳态模型对该过程进行描述，从而为后续 CO_2 干法压裂缝网模拟及工艺参数优化研究奠定基础。

在井筒流动传热的研究中，按温度与压力的求取方法可分为：①温度与压力分离计算；②井筒分段计算温度，再迭代计算压力；③温度和压力耦合计算。以上三种方法的求解难度和准确性依次增加，因此需要针对不同的井下作业措施及要求合理选择求取方法。按井筒内流体的传热状态可分为拟瞬态和全瞬态两种：前者是指井筒内为稳态传热，地层内为非稳态传热；而后者则是井筒和地层内都为非稳态传热。拟瞬态传热将时间因素划归到地层导热中，通过地层非稳态导热获得随时间变化的温度，再反馈到井筒内稳态传热表达式中，即可间接得到井筒内"非稳态"传热性质。

在拟瞬态研究方面，Ali[43]将井筒内传热考虑为稳态，地层内垂向和径向传热考虑为非稳态，通过有限差分形式将构建的数学模型进行离散，并且对离散矩阵进行了求解。毛伟[44]假设井筒内为稳态传热，地层内为非稳态传热，采用加入动能变化的修正 Cullender & Smith 公式与 Hasan 井筒传热模型耦合，并将热物性参数考虑为温度、压力的函数，建立了气井井筒温度压力耦合模型。王海柱等[45]假设井筒中的传热为稳态传热，井筒周围地层传热为非稳态传热，建立了超临界 CO_2 钻井井筒压力温度耦合计算模型，并且以超临界 CO_2 连续油管钻井为例进行了实例分析。在全瞬态研究方面，Durrant[46]采用拉普拉斯和傅里叶变换对瞬态传热模型进行求解，对时间的叠加与多相管流计算思路类似，计算结果通过其他数值模型和注蒸汽井现场数据两种方式验证。Hasan[47]、Hagoort[48]也针对井筒全瞬态传热进行了研究，推导出了井筒温度分布模型。国内杨谋等[49]基于钻井液循环及停止循环期间各传热单元换热机制，建立了考虑实际钻具组合及井身结构条件下的上述两种情况井筒–地层全瞬态传热模型，并采用逐次松弛迭代法进行求解。此外，位云生[50]、钟海全[51]、宋洵成[52]等也作了相应的研究。

通常井下作业所用流体的热物性参数对温度、压力不是很敏感，因此，之前学者在模型中多将其假设为常物性值。但CO_2流体的物性参数对温度、压力较为敏感，不能再作此假设。同时，Raymond[53]指出，若要获得井筒早期温度的准确值，必须选取全瞬态模型，因此需采用全瞬态模型对CO_2干法压裂这一短时间施工作业内的井筒温度进行计算。此外，上述温度压力耦合模型中的热物性参数被视为常数，从而流体在井筒内的流动状态简化为一维稳定流动。但CO_2物性参数是随温度、压力变化的，而温度、压力是关于时间的函数，故其在井筒的流动必然为非稳态流动。因此，需建立流动和传热过程双重非稳态的耦合模型来描述CO_2压裂井筒温度和压力分布特征。

1.2.3　缝网形成机理及压裂模拟

1）裂缝扩展模型

压裂设计的关键问题之一就是确定裂缝的几何形态，同时，裂缝几何参数的计算是预测压裂后产量和经济评价的基础，而裂缝几何形态与压裂液的性质、地层流体性质、地层岩石的力学性质、压裂规模以及缝中流体流动特征等密切相关。从50年代中期起，人们相继研究并发展了多种压裂设计模型，随着对压裂液流变性、固–液两相流和岩石的破裂及延伸机理的深入研究，压裂设计模型也愈来愈接近实际。综观国内外压裂技术的发展，裂缝延伸数学模型的研究经历了一个从简单到复杂、从二维到三维，考虑因素越来越全面的过程。在压裂优化设计中，国外使用的裂缝几何模型已由二维模型，经过拟三维模型，最后过渡到全三维模型。

（1）二维模型

1955 年，Khristtanovich 和 Zheltov[54]首先提出了 KGD 模型的雏形，后来被 Geertsm 改进，KGD 模型是常用的二维压裂设计模型之一，该模型假设裂缝内流体的流动为层流，并且考虑液体滤失，缝宽截面为矩形，侧向为椭圆形，该模型适用于长高比小于 1、长时间的水力压裂作业设计；PKN 模型由 Perkins 和 Kelerk[54]提出，Nordgren 在此基础上发展完善了 PKN 模型，后来 Biot 等采用经典数学方法又完善了 PKN 模型，它是目前应用较多的二维设计模型，该模型假设缝高在整个缝长方向上不变，即在上、下层受阻，裂缝断面为椭圆形，最大缝宽在裂缝中部，不考虑压裂液滤失于地层，该模型适用于长高比大于 1、低滤失系数和短时间的压裂设计。

（2）拟三维模型

拟三维模型主要包括 Cliften 和 Abou-sayed[55]提出的 TT 三维模型和 Lam 等[56]提出的 MIT 三维模型，流体被假设为不可压缩的非牛顿流体并作二维层流，采用卡特滤失理论对液体的滤失进行处理，同时采用断裂准则来分析裂缝的扩展，并假设在裂缝端部的有限区域内不包含压裂液。事实上，与二维模型相比，拟三维模型更接近实际，基本能反映裂缝的三维形态，但它只是解决了岩石平面应变的问题，裂缝在垂直方向上的延伸由二维线性裂缝来描述，裂缝高度的计算则采用线弹性断裂力学理论中的裂缝延伸准则。拟三维模型最主要的特点是充分考虑了裂缝高度在压裂过程中的变化。主要方法包括两种：一种是在裂缝高度参量中引入裂缝延伸准则（$K \leqslant K_c$）；另一种则是结合两种二维模型，采用 KGD 模型分析裂缝在垂直方向上的延伸，同时采用 PKN 模型分析裂缝的横向延伸问题。在求解时裂缝垂直方向上的高度增长一般由分开的垂向剖面计算得到，然后把求得的高度增长用于广义 PKN 模型来解决裂缝的横向扩展问题。

（3）全三维模型

全三维模型的裂缝控制方程基于三维岩石变形和二维流动。全三维模型主要包括两种：一种是 Clifton 和 Abousayed[57] 提出的全三维模型。Clifton 依据位错理论推导得出了缝内压力和缝宽之间的关系，并且把缝内流体的流动等效为沿多孔平板的层流流动；另一种是 Cleary 等[58] 提出的全三维模型。其认为流体的流动和地层的弹性变形对裂缝的几何形态起决定作用，而断裂过程只是对裂缝尖端的局部区域产生影响。这两个模型均利用有限元的方法进行求解，考虑到全三维模型求解的过程较为复杂，还需占用大量时间，因而其实际的运用很少。法国著名水力压裂的专家 Bouteca 提出了地层介质在受到非均匀的地应力时裂缝延伸的三维模型，是继 Clifton 和 Cleary 模型以后较为实用、合理的全三维模型。国内张平[59]、郭大立[60]、张汝生[61]等对裂缝扩展的三维模型也进行了相关的研究，并取得了一些成果。

迄今为止，针对 CO_2 干法压裂的裂缝扩展模型还未见报道。实际上，CO_2 干法压裂同样也属于水力压裂，因此其与常规的水力压裂的裂缝延伸机制是相同的，只需要将 CO_2 干法压裂的特殊性和水力压裂的一般性原理相结合，便可得到 CO_2 干法压裂的裂缝扩展模型，脆性页岩压裂采用低黏度压裂液，经人工压裂改造后形成高度密集的网状裂缝系统，其与传统高黏度压裂液压裂形成两条对称的翼型裂缝具有本质区别。已有的基于岩石准静态力学分析的二维、拟三维及全三维压裂理论模型难以表征页岩裂缝特征。

2）缝网模型及压裂模拟

体积压裂是指在水力压裂过程中，天然裂缝与脆性岩石发生剪切滑移并不断扩张，使得天然裂缝与人工裂缝相互交错最后形成复杂裂缝网络，从而增加改造体积，提高初始产量和最终采收率[62]。传统水力压裂模型都是基于双翼对称裂缝理论，

14

不适用于页岩气体积压裂缝网系统的分析，在常规理论基础上，国内外学者经过推导和模型改进，发展了一些适合页岩气储层压裂改造的裂缝扩展模型，应用不同的数值模拟方法对体积压裂复杂水力裂缝扩展形态进行了研究。

（1）扩展有限元法

扩展有限元法是在常规有限元方法的基础上建立起来的，其主要特点是在对裂缝扩展进行模拟时，不需要再重新剖分网格。此方法继承了常规有限元法的优点，能够方便地进行模拟和描述裂缝，计算过程中无需进行网格重划分，计算速度较快，是模拟页岩气储层压裂裂缝扩展过程的主要方法之一。Taleghani[63]采用扩展有限元法对给定天然裂缝条件下的页岩储层的压裂裂缝扩展过程进行了模拟研究，通过研究发现，当页岩的天然裂缝和最大水平地应力方向的夹角较小时，缝网难以形成，当该角度较大时，复杂缝网较易形成，且水平地应力差越大，缝网形成的难度就越大。国内王涛[64]在页岩水力压裂实验的基础上，采用扩展有限元方法，实现了页岩水力压裂过程的初步数值模拟。肖晖[65]依据扩展有限元法原理，结合裂缝性储层水力裂缝扩展特征，提出了水力裂缝与天然裂缝相遇后的位移模式，为水力裂缝与天然裂缝相互作用下的扩展有限元模拟模型奠定了基础。

（2）边界元法

边界元法主要特点是仅需考虑边界引入的离散误差，采用解析式的形式求得区域内的有关物理量，使得计算精度提高。裂缝端部的奇异场可由奇异性的基本解来进行模拟。Olson[66]采用边界元理论对水平井多段压裂时的裂缝扩展过程进行模拟，研究发现，当天然裂缝不发育时，容易形成对称的双翼缝。地层中天然裂缝的产状对缝网的形成有较大影响，当天然裂缝的方向与水平井轴平行或者夹角较小时，缝网容易形成；水平地应力差越大，压裂裂缝形成缝网的难度越大，压裂裂缝相对平直。边界元法能够很好地处理复杂缝网的裂缝扩展问题，并且处理比较简单，但该方法模拟流固耦合的过程难度大。因此，如何考虑孔隙压力条件下的裂缝扩展模拟是边界元发展的方向之一。

(3) 离散化缝网模型(Discrete Fracture Network)

离散化缝网模型(DFN)最早由 Meyer 等[67,68]提出，建立在自相似的原理及 Warren 和 Root 的双重介质模型基础之上，假设人工裂缝与天然裂缝相互交错，形成的压裂裂缝为正交网状，通过建立网格系统对裂缝的扩展及支撑剂颗粒在缝内的运移和铺砂浓度的展布进行模拟，此模型充分考虑了裂缝干扰问题和滤失现象，可以对裂缝网络的形态和展布进行较为准确地描述，并且能够计算压裂液和支撑剂在缝网中的流动。目前，DFN 模型被认为是模拟页岩气储层体积压裂的复杂缝网的成熟模型之一。国内杜林麟等[69]对页岩储层水力压裂进行了优化设计，提出 DFN 离散裂缝压裂模拟方法，程远方等[70]在分析页岩气体积压裂特点的基础上，对两种主要页岩气体积压裂缝网模型的假设、数学方程及参数优化方法进行了比较分析，研究结果表明：离散化缝网模型及线网模型均能有效表征复杂缝网几何特征，模拟缝网的扩展规律，获得缝网几何形态参数，可优选压裂施工方案。

通过以上分析发现，在页岩体积压裂缝网模拟方法中，DFN 模型应用较为普遍，同时也比较成熟，采用 CO$_2$ 干法体积压裂技术开发页岩气藏时，由于 CO$_2$ 具有特殊的性质，其物性随温度和压力变化剧烈，干法压裂液流动传热机制复杂，因此，需要综合考虑液体滤失、流变、携砂等因素对页岩裂缝网络扩展的影响，在对改良的 CO$_2$ 干法压裂液性能进行全面评价的基础上，结合相应的体积压裂缝网模型，就可以通过对页岩的 CO$_2$ 干法体积压裂进行模拟来研究缝网几何形态及其扩展规律。

1.2.4 页岩吸附 CH_4/CO_2 特性

对于页岩气藏而言，绝大部分的黏土矿物及大量的原生孔和微裂隙为 CH_4 的驻留提供了巨大的比表面积和空间，如果采用 CO_2 干法压裂技术开发页岩气藏，当 CO_2 进入页岩储层时，在岩石对 CO_2 的吸附能力强于 CH_4 的情况下，CO_2 分子占据了原有的 CH_4 分子空间，将吸附态的 CH_4 分子变为游离态，从而 CH_4 通过孔隙喉道流入井筒被开采出来，而 CO_2 分子则以更强大的吸附力被束缚在页岩表面或驻留在储层孔隙中，同时，由于页岩气储层比较致密，渗透率极低，驻留的 CO_2 不易泄漏，较其他油气藏来说具有更好的 CO_2 埋存条件。

1) 页岩对 CO_2/CH_4 单组分气体吸附

吸附是一种物质的原子或分子附着在另一种物质表面的界面现象，其研究最早可追溯到 19 世纪。等温吸附实验是研究物质吸附过程的重要手段之一，由此得到的吸附等温线是表征吸附特征和研究吸附机理的基础。页岩吸附气体属于物理吸附过程，即页岩和气体分子之间作用力为范德华力。页岩的吸附行为研究最早可追溯到上世纪 70 年代，国外早期的研究主要是围绕解决页岩储气机理进行的[71-73]，例如通过研究页岩吸附解吸特征预测页岩气的储量等，国内页岩气吸附解吸的研究则起步较晚。

国内外学者通过大量的实验研究得到了页岩吸附 CH_4 的特征及影响因素，Lu 和 Watson[72]通过实验研究发现，页岩中总有机碳的含量与甲烷的吸附能力存在很好的线性关系。Nuttall 等[74]也指出，页岩中的甲烷分子吸附在有机质和黏土颗粒的表面，有机质含量与甲烷吸附量呈正相关的关系。Zhang 等[75]通过大量的富含有机质页岩和纯干酪根的吸附研究发现，有机质是控制吸附的主要因素，有机质含量越高，吸附能力越强。有机质类型主要影响吸附的速度，有机质热成熟度主要影响甲烷

17

的吸附能力，且热成熟度越高，页岩吸附气体的能力越强。Jarvie[76]、Ross[77]、Chalmers[78]研究认为，富含有机质的页岩的总有机碳含量与甲烷的吸附能力存在正相关的关系，高镜质组和惰质组展现出了较强的吸附能力。Aringhieri[79]研究指出，黏土矿物的组成和它的微孔结构影响页岩的吸附能力。Cheng 等[80]研究发现，黏土矿物晶层间大小为 1~2nm 的微孔由于具有较大的表面积为甲烷或其他气体在页岩中的吸附提供了足够的吸附点。Ji 等[81]选择不同的黏土岩在不同温度下进行了甲烷吸附实验，研究发现，黏土矿物的类型极大地影响甲烷的吸附能力，对各种类型的黏土矿物而言，吸附能力强弱在本质上与此类矿物 BET 表面积相关。Ross 和 Bustin[82]研究发现，页岩中的有机碳含量和微孔容积越大，页岩的吸附能力越强。国内张志英[83]研究发现，压力的增大有利于页岩岩样对 CH_4 的吸附，而温度的升高对页岩的吸附具有抑制作用，当温度较低时，随温度增加，吸附量减小较快，而当温度较高时，随温度增加，吸附量减小变缓。李武广等[84]通过页岩对甲烷的吸附解吸实验分析了影响页岩气储层吸附量与解吸量的主要因素，包括有机碳含量、温度、压力，研究指出，升温可提高页岩解吸时间和解吸速度。

除了 CH_4 外，页岩还可吸附 N_2、CO_2、H_2 等气体，已有研究成果证明：CO_2 在页岩中的吸附能力强于 CH_4，因而可以有效置换 CH_4。Chareonsuppanimit 等[85]在高压条件下研究了页岩对 CH_4、CO_2 和 N_2 的吸附，研究发现，在 7MPa 的压力下，New Albany 页岩对 N_2、CH_4 和 CO_2 的吸附量之比为 1∶3.2∶9.3，实验进一步发现，页岩对 N_2、CH_4 和 CO_2 的吸附量比煤少 10~30 倍，分析认为，主要原因是由于页岩中有机碳含量比煤中的少。Nuttall 等[74]研究表明，在 CO_2 存在的情况下，CH_4 可以被置换解吸，他通过实验证明了页岩对 CO_2 的吸附能力要大于 CH_4 分子。Kang 等[86]采用多级加压测试吸附量的方法，考虑了由于应力变化及吸附/解吸引起的孔隙体积的变化，实验结果进一步证明了福特沃斯盆地 Barnett 页岩对 CO_2 在的吸附能力要强于 CH_4。Weniger 等[87]通过实验证明了页岩对 CO_2 具有较强的吸附能力，研究认为，可以通过注入 CO_2 提高 CH_4 的采收率并且实现 CO_2 的永久埋存。国内孙宝江等[88]研究指出，温度、压力、有机碳含量均影响 CO_2 在页岩中的吸附解吸，CO_2 在页岩中的吸附量随着压力的升高而增大，随着温度的升高而减小，CO_2 解吸过程中存在解吸滞后现象，且解吸附曲线表征的最大吸附能力低于吸附曲线表征的最大吸附能力。

综上所述，前人主要通过吸附解吸实验对页岩气吸附/解吸特性进行了较为系统的研究，主要研究了温度，压力，有机质含量等因素对页岩气吸附解吸的影响规律，目前，CO_2 在页岩储层中的吸附特性及置换 CH_4 的机理尚不完全清楚，因此，有必要深入地探讨 CO_2 进入页岩气储层后与 CH_4 的竞争吸附机理以及气固相互作用等科学问题，从而为 CO_2 压裂开发页岩气以及注 CO_2 开采页岩气的研究提供理论和方法支持。

2）页岩吸附气体的热力学特征

如前所述，页岩吸附气体的影响因素（包括矿物组成、比表面积等内在因素和温度、压力等外在因素）研究是目前研究程度较高的领域之一。遗憾的是这些研究多集中在对吸附规律的认识上，很少从热力学角度深层次地研究页岩吸附性能的变化规律。例如不同页岩的吸附特性存在明显差异，在不同的实验条件下，页岩的吸附规律也不尽相同，这些现象背后所隐含的吸附热力学特征有待研究。

页岩对 CH_4 的吸附属于物理吸附中的气-固吸附范畴，吸附热可以较为准确地表征页岩吸附现象的物理和化学本质、吸附剂的活性、吸附能力的强弱等，吸附热分为积分吸附热和微分吸附热，在微分吸附热中，等量吸附热是应用比较广泛的一种，等量吸附热的概念和计算方法在第 7 章中有详细的描述。目前，页岩吸附的热力学特征研究较少，Rexer 等[89]在模拟地层条件下研究了 CH$_4$ 在富含有机质页岩中的吸附特性，研究认为，随着温度的增加，页岩对 CH$_4$ 的吸附量逐渐减小，等量吸附热在较小的吸附量（0.025mmol·g^{-1}）下，为（19.2±0.1）kJ·mol^{-1}，等量吸附热反映了页岩的吸附能力。Ji 等[81]采用吸附热和标准熵研究了黏土矿物对吸附热力学的影响，实验得到 CH$_4$ 的标准熵为 $-79.5 \sim -64.8$J·mol^{-1}·K^{-1}，吸附热为 $9.4 \sim 16.6$kJ·mol^{-1}，这个值远小于 CH$_4$ 在干酪根上的吸附。国内郭为等[90]采用川南地区龙马溪组页岩样品，研究了不同温度下页岩的等温吸附/解吸特征，从热力学角度分析了页岩的吸附曲线和解吸曲线不重合以及解吸曲线滞后的原因，认为其热力学原因在于页岩吸附过程的等量吸附热大于解吸过程的等量吸附热。

总之，基于吸附热力学的等量吸附热可以定量表征吸附能力强弱，页岩性质的差异必然在吸附热力学参数的特征上得到体现，同时，CO$_2$ 与 CH$_4$ 的性质各异，毫无疑问，气体性质的差异性也必将会在吸附热力学参数的特征上得到体现，因此，页岩吸附 CO$_2$/CH$_4$ 过程中的热力学参数变化规律有待系统深入地研究，这对深入认识 CO$_2$ 在页岩中的吸附特性和 CO$_2$ 与 CH$_4$ 二元气体竞争吸附本质具有重要意义。

3) CO$_2$ 和 CH$_4$ 二元气体吸附研究

CO$_2$ 提高非常规气藏采收率技术的理论基础是多组分气体的吸附，这使得多组分气体吸附的技术和理论逐步成为非常规气藏基础理论研究中的研究热点。虽然物理吸附不存在选择性，但是当同一吸附体系中存在几种气体时，主要由于吸附质间的相互影响，从而导致气体的吸附作用之间出现相互竞争，进而会影响气体的总吸附量及各组分的吸附量。与单组分气体吸附实验相比，多组分气体吸附实验较为复杂，因而其研究程度相对较低，目前还处在研究探索的阶段。页岩对于多组分气体的研究还未见报道，采用 CO_2 干法压裂技术开发页岩气藏涉及 CO_2 与 CH_4 二元气体与页岩的相互作用，注 CO_2 强化页岩气开发也同样涉及二元气体在页岩中的竞争吸附，因此，必须深入研究页岩对二元气体的吸附特性及热力学竞争吸附机理，并从二元气体本身和页岩储层物性特征方面来研究影响页岩吸附的主要因素。

2　页岩储层特征分析

页岩气可以描述为主体上以吸附和游离状态同时赋存于泥页岩(包括高碳泥页岩、暗色泥页岩等)且以自生自储为成藏特征的天然气聚集。可以说,页岩储层既是天然气的载体,又是开发改造的对象,因此,页岩储层特征研究是页岩气开发的基础。与国外相比,中国的地质特征复杂,在漫长的地质史上形成了海相、海陆过渡相以及陆相三种页岩类型,不同的沉积环境形成的页岩储层的特征不同。本章着重对国内典型页岩气盆地的页岩矿物组成、矿物形态、孔隙结构、力学性质等进行研究,页岩储层特征分析结果不仅可以为后续的缝网模拟提供参考,同时也是后续 CO_2 和 CH_4 与储层相互作用的研究基础。

2.1　实验样品采集

本次研究从国内柴达木盆地、鄂尔多斯盆地及四川盆地三个典型页岩气盆地的四个泥页岩层段共采集页岩岩样 50 块,柴达木盆地取心层段分别为大煤沟组及石门沟组,其中大煤沟组采集页岩岩样 10 块,石门沟组页岩岩样 8 块,鄂尔多斯盆地长 7 段页岩岩样 19 块,四川盆地龙马溪组页岩岩样 13 块。为克服同一层位样品矿物组成在纵向剖面的差异性,在选取样品时根据储层深度从上、中、下不同层段对选取样品数量进行控制,以增强分析的代表性。实验样品采集信息如表 2-1 所示。

表 2-1　实验样品采集信息

取 样 区 域	层　段	取样深度/m	取样个数
柴达木盆地	侏罗系大煤沟组	1938~1985	10
柴达木盆地	侏罗系石门沟组	1886~1904	8
鄂尔多斯盆地	三叠系延长组长7	2145~2193	19
四川盆地	龙马溪组	2253~2287	13

2.2　页岩矿物组成分析

　　页岩岩石矿物组成是页岩储层评价的重要组成部分。页岩的矿物成分较复杂，矿物组成以黏土矿物、硅质矿物为主。页岩储层的矿物组成是其对气体吸附能力的基础，不同的矿物成分使得其对气体的吸附能力也存在差异。因为黏土矿物具有较多的微孔体积和较大的比表面积，所以其对气体的吸附能力就比较强。石英、长石、方解石含量对于基质中裂缝发育程度具有重要影响，同时这些脆性矿物的存在能提高岩石的脆性，使得其容易被压裂形成缝网，有研究者认为矿物成分中石英含量是影响基质储集体被有效打碎的主要因素，直接影响着页岩储集体是否能被有效压裂的性质，提出了采用石英含量表征脆性的方法，因此，开展针对国内主要页岩气盆地页岩储层的矿物成分分析，可为后续压裂改造研究提供分析资料。本节主要利用 X 射线衍射仪获取不同区块、不同类型页岩岩心的矿物组成，并对国内外页岩矿物组成的差异性进行分析。

2.2.1　实验设备和测试方法

　　采用岛津 X 射线衍射仪 XRD-6100 对取得的岩样进行了矿物组成分析（依据 SY/T 6210—1996）、黏土矿物含量分析（依据 SY/T 5163—1995）。

23

2.2.2 实验结果与分析

为便于论述和绘制三角图，将页岩中主要矿物分为 3 类：①硅质矿物，主要包含石英、钾长石、斜长石等；②黏土矿物，主要包含蒙脱石、伊利石、高岭石等；③碳酸盐岩矿物，主要为方解石和白云石。根据 X 射线衍射测试结果，绘制了不同区块的矿物组成三角图，下面具体分析了各区块页岩矿物组成特征。

柴达木盆地侏罗统大煤沟组页岩岩性主要为碳质泥页岩、灰色及黑色泥岩组成。其主要矿物为黏土矿物和石英，还含有少量的钾长石和黄铁矿等。如图 2-1 所示，石英、长石等硅质矿物占 16.5%~46.1%，平均为 28.0%。黏土矿物含量为 52.4%~83.3%，平均为 72.4%。碳酸盐矿物含量较少，平均为 0.5%。黏土矿物中以高岭石为主，其含量为 60.7%~82.4%，平均为 71.2%；其次为伊利石，其含量为 17.6%~39.3%，平均为 28.8%。测试中没有发现绿泥石的存在。石门沟组页岩岩性主要为暗色泥岩和碳质泥岩。其矿物组成与大煤沟组相近，石英等碎屑矿物含量为 20.5%~39.3%，平均为 29.2%。碳酸盐岩矿物含量较少，平均为 0.46%。黏土矿物含量为 59.8%~79.1%，平均为 70.32%。黏土矿物中以高岭石为主，其含量为 63.9%~83.8%，平均为 72.0%；其次为伊利石，其含量为 16.2%~36.1%，平均为 28.0%。柴达木盆地大煤沟组和石门沟组的矿物组成相近，黏土矿物含量较高，脆性矿物含量相对较少，如前所述，大量的黏土矿物包含了较多的晶间孔和粒间孔，为页岩吸附甲烷提供了更多的比表面和吸附位，使页岩具有较强的气体吸附能力，同时，页岩储层黏土矿物含量越高，越不利于储层改造，由于页岩的脆性可能较弱，最终影响缝网形成，此外，当水敏性黏土矿物含量较高时，黏土矿物溶解易导致页岩气的裂缝孔隙通道堵塞，影响页岩气的产出。

鄂尔多斯盆地长7段页岩岩性主要为深灰色页岩、黑色书页状页岩(页理极发育)、灰黑色页岩、灰黑色粉砂质页岩,如图2-2所示,其矿物组成中石英、长石等硅质矿物含量在22.4%~58.3%,平均为36.4%。黏土矿物含量在40.5%~66.0%,平均为55.8%。碳酸盐岩矿物含量在1.2%~22.1%,平均为8.5%。鄂尔多斯盆地长7段页岩黏土矿物主要为伊蒙混层,其含量在39.3%~64.6%,平均为55.2%;其次为伊利石,其含量在18.2%~29.3%,平均为23.8%;再次为绿泥石,其含量在5.8%~32.7%,平均为14.3%;再次为高岭石,其含量在3.6%~15.3%,平均为7.5%。与柴达木盆地页岩相比,鄂尔多斯盆地页岩的矿物组成中黏土矿物含量明显较低,页岩脆性相对较强,裂缝网络较容易产生。伊蒙混层和伊利石也都具有较强的吸附能力,而蒙脱石类膨胀性黏土矿物对储层最大的伤害是它对水有极强的敏感性,遇水后极易引起储层渗透率的降低,因而是后期储层压裂改造的不利因素。

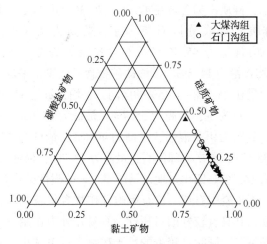

图2-1 柴达木盆地侏罗系岩样矿物组成三角图

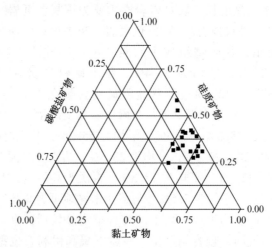

图2-2 鄂尔多斯盆地长 7 岩样矿物组成三角图

四川盆地龙马溪组页岩岩性主要为黑色页岩、粉砂质页岩。X 射线衍射定量分析结果表明，页岩样品中主要矿物为石英和黏土矿物，还含有少量的斜长石、钾长石、方解石、白云石等。如图 2-3 所示，硅质矿物含量在 47.0%~76.3%的区间，平均含量为 59.2%，硅质矿物成分以石英为主，最高为 73.0%，最低为 37.1%，平均含量为 45.5%；长石含量最高为 21.9%，最低为 3.1%，平均含量为 14.3%。碳酸盐矿物含量较少，平均为 8.0%。黏土矿物含量在 24.2%~44.5%的区间，平均含量为 33.4%。黏土矿物中以伊利石为主，最高为 55.7%，最低为 44.6%，平均含量为 50.2%；其次为伊蒙混层，最高为 40.6%，最低为 28.4%，平均含量为 35.0%；再次为绿泥石，最高为 17.7%，最低为 11.2%，平均含量为 14.7%。四川盆地龙马溪组页岩的脆性矿物含量较高，如前所述，当页岩中石英、长石等脆性矿物含量较高时，页岩的脆性就较强，其具有较好的可压性，容易在外力作用下形成天然裂缝和诱导裂缝，同时，较少的黏土矿物含量也减小了入井工作液对页岩气层的伤害，有利于储层改造。

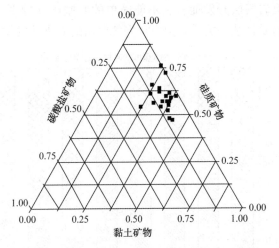

图 2-3   四川盆地龙马溪组岩样矿物组成三角图

如第 1 章研究背景中所言，国内外页岩气储层存在较大差异，为此，这里比较了国内柴达木盆地、鄂尔多斯盆地、四川盆地与北美页岩矿物组成上的差异性，如图 2-4 所示，Barnett 和 Woodford 页岩矿物组成中硅质矿物含量较高[91]，均大于 60%，而黏土矿物含量低，均小于 30%，碳酸盐矿物含量较低，这和国内四川盆地页岩类似。Ohio 页岩黏土矿物含量相对较高，与鄂尔多斯盆地页岩的黏土矿物含量相当。与海相页岩气储层相比，陆相页岩气储层黏土矿物的含量一般都较高，而硅质矿物含量较少，例如，柴达木盆地和鄂尔多斯盆地的页岩黏土矿物含量明显高于四川盆地和北美页岩的黏土矿物含量。总体而言，北美主要的页岩气盆地页岩储层黏土矿物含量少，石英、长石等脆性矿物含量高，而国内页岩尤其陆相页岩气储层中黏土矿物含量较高，黏土矿物含量最高超过 70%，主要包括伊利石、高岭石等，在水基压裂液、钻井液等入井工作液侵入页岩储层时，黏土矿物遇水膨胀，因而会对页岩气储层造成极大的渗透率伤害，因此，从这个角度来讲，对于国内页岩气层尤其是陆相页岩气层开发而言，不能简单的照搬国外的页岩气开发技术，需要持续攻关适合国内页岩气储层的先进开发技术。

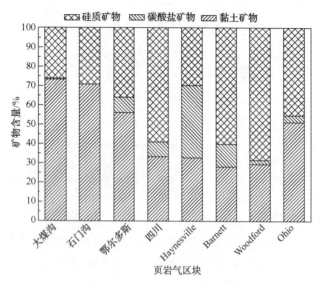

图 2-4　国内外页岩气盆地页岩岩样矿物组成对比

2.3　扫描电镜分析

2.3.1　实验设备和测试方法

　　扫描电镜是研究页岩微观特征的重要设备，通过扫描电镜能够观察分析页岩的微观孔隙特征，例如微裂缝、粒间孔隙、溶蚀孔隙等，在扫描电镜下，根据各种黏土矿物的特征还能够定性地识别黏土矿物组分，判别黏土矿物的成岩作用。由于页岩的纳米级孔隙较为发育，常规的扫描电镜已不能完全满足孔隙形态结构观察及孔径的测量，因此，本次研究采用分辨率较高的 Hitachi S-4800FESEM 冷场发射扫描电子显微镜对页岩的孔隙结构及矿物形态进行了分析。此扫描电镜的放大倍数为 20~800000 倍，二次电子分辨率为 1.4nm（1kV，减速模式）。测试样品准备过程为：页岩取样→切片→抛光→在无水乙醇清洗样品→干燥箱烘干→喷镀金粉→固定在载物片上→上镜观察。

2.3.2 实验结果与分析

柴达木盆地页岩扫描电镜测试结果如图 2-5 所示，由上面 XRD 分析可知，柴达木盆地大煤沟组及石门沟组页岩中的黏土矿物主要包含高岭石和伊利石等，页岩样品扫描电镜测试结果也证实了侏罗系页岩中高岭石较为发育，可见书页状或蠕虫状的高岭石晶体充填与粒间孔内（图 2-5a），同时也观察到了柳叶状的伊利

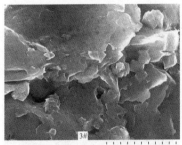

(a)大煤沟组，高岭石　　(b)石门沟组，伊利石

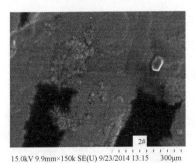
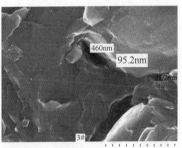

(c)大煤沟组，有机质　　(d)石门沟组，石英

图 2-5　柴达木盆地页岩矿物形态特征

石的分布(图 2-5b),放大 50000 倍时也可看到明显的较为规则的石英颗粒(见图 2-5d)。当放大到 150000 倍时观察到了页岩有机质的分布(图 2-5c)。图 2-6 为柴达木盆地页岩样品的孔隙形态图,通过显微结构观察发现,研究区页岩的孔隙形状极不规则,孔隙形态主要以狭缝型孔隙为主,研究区页岩孔隙类型复杂多样,主要包括粒间孔、粒内溶孔和晶间孔隙;以粒间孔为主(图 2-6a),粒间孔是侏罗系页岩储层中孔隙较大的一种孔隙类型,此外,当放大到 1000~10000 倍时,从柴达木盆地页岩中可以看到许多微裂缝和天然缺陷(图 2-6d)。微裂隙一般沿颗粒边界和矿物组分变化处存在和延伸,在后期的压裂改造中,微裂缝扩张与人工裂缝沟通,容易形成巨大的裂缝网络,实现对页岩气层的体积改

(a)大煤沟组,粒间孔和粒内溶孔

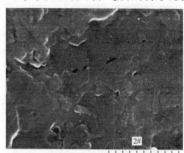

15.0kV 10.1mm×110k SE(U) 9/23/2014 13:24　500μm

(b)石门沟组,粒内溶孔

(c)石门沟组,粒间孔

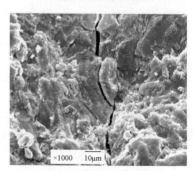

(d)大煤沟组,微裂缝

图 2-6　柴达木盆地页岩孔隙类型

30

造，因此，这种微裂缝对于后期的压裂改造是非常有利的。

鄂尔多斯盆地页岩扫描电镜测试结果如图2-7所示，通过扫描电镜发现，页岩样品中的伊蒙混层、伊利石和石英较为发育，可见纤维状-蜂窝状相互叠加或缠绕的伊蒙混层的分布（图2-7c），并发现以搭桥方式存在于孔喉之间的纤维状伊利石（图2-7a和c），同时也观察到了形状较为规则的石英矿物的分布（图2-7b），还观察到了长条状的长石（图2-7d）。图2-8为鄂尔多斯盆地页岩样品的孔隙形态图，通过扫描电子显微镜发现研究区页岩主要储集空间包括粒间孔、粒内溶孔、晶间孔，其中黏土矿物粒间孔是本次研究中在长7段发现最多的孔隙类型之一，这是因为粒间孔在年轻的或浅埋藏的沉积物中很丰富，

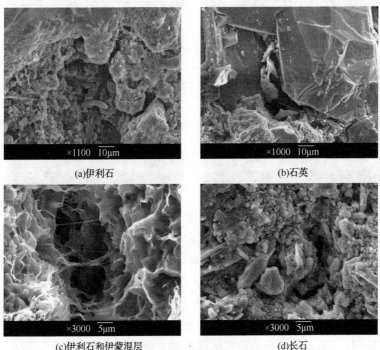

(a)伊利石   (b)石英

(c)伊利石和伊蒙混层   (d)长石

图2-7　鄂尔多斯盆地页岩矿物形态特征

且通常连通性好，可形成有效的(可渗透的)孔隙网络，而在较老和埋藏较深的泥页岩中，粒间孔隙的量由于压实和胶结作用而显著降低。此外，长 7 段页岩的孔隙形状也不规则，孔隙形态主要以狭缝型孔隙为主，也发育有少量的圆形孔隙。

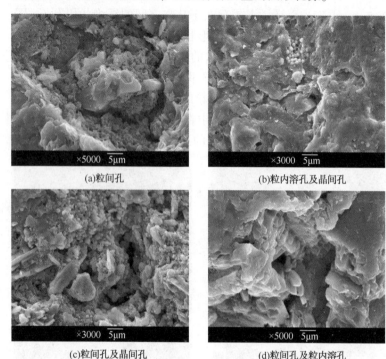

(a)粒间孔 (b)粒内溶孔及晶间孔

(c)粒间孔及晶间孔 (d)粒间孔及粒内溶孔

图 2-8 鄂尔多斯盆地页岩孔隙类型

　　四川盆地页岩样品扫描电镜分析结果如图 2-9 所示，通过扫描电子显微镜发现四川盆地页岩主要矿物为石英和长石，黏土矿物以伊利石、蒙脱石为主，可见形状规则的石英和长条状的长石大量发育(图 2-9b 和 c)，并可见发丝状的伊利石分布于孔隙中(图 2-9a)，还可观察到玫瑰花瓣状的蒙脱石的存在(图 2-9d)，蒙脱石是典型的水敏性矿物，遇水极易发生膨胀。如图 2-10 所示，四川盆地页岩储集空间则以粒间孔、晶间孔、粒内

溶孔为主。孔隙形态以不规则的平板孔、多边形孔为主，其次
还包括少量的狭缝型孔隙。

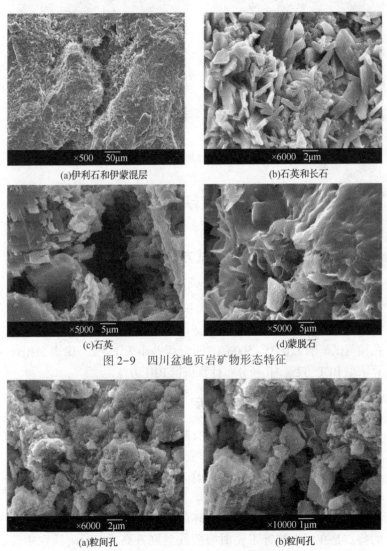

(a)伊利石和伊蒙混层   (b)石英和长石

(c)石英   (d)蒙脱石

图 2-9   四川盆地页岩矿物形态特征

(a)粒间孔   (b)粒间孔

图 2-10   四川盆地页岩孔隙类型

33

(c)粒内溶孔及晶间孔　　　　　　　　　(d)粒间孔及晶间孔

图 2-10　四川盆地页岩孔隙类型(续)

2.4　比表面积及孔径测试

2.4.1　实验设备和测试方法

页岩样品的比表面积及孔径分布采用氮气吸附法进行研究,采用全自动 V-Sorb 2800P 比表面积及孔径测试仪进行 77K 条件下的氮气吸附测试,其可测试的最小的比表面积为 $0.0005cm^3 \cdot g^{-1}$,孔径测试范围为 $0.35 \sim 500nm$,重复误差小于 1.5%。比表面积计算依据 BET 方程,孔径分布计算依据 BJH 方法[92,93]。

2.4.2　实验结果与分析

柴达木盆地页岩样品氮气吸附结果如图 2-11(a)和(b)所示,由实验结果可以看出,氮气吸附和脱附等温线不重合,存在明显的吸附滞后现象,根据前人的研究成果,由滞后环形状可以有效推断吸附剂的孔隙结构,根据 De Boer 的划分标准,所测试的研究区页岩样品的滞后环属于 B 类滞后环,B 类滞后环的特点是在压力接近于 p_o 时吸附线急剧升高,而脱附线在中等相对压力时陡直下降。与此类型滞后环相应的孔是距离较近的平

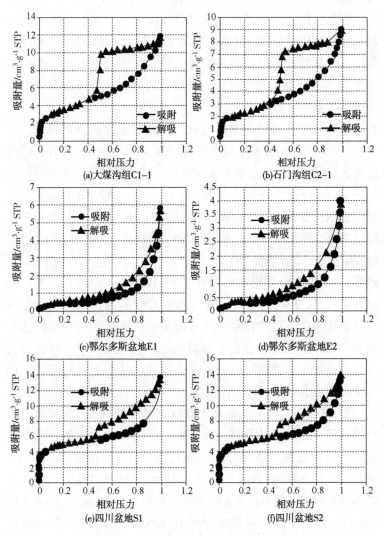

图2-11 页岩样品氮气吸附解吸等温线

行板构成的狭缝，这说明了页岩样品主要以狭缝型孔隙为主，这和前面扫描电镜的结果是一致的。由图 2-11(c)和(d)可以看出，鄂尔多斯盆地页岩样品的滞后环属于 C 类滞后环，由此推断其孔隙结构主要以狭缝型孔隙为主，图 2-11(e)和(f)为四川盆地页岩样品的氮气吸附解吸等温线，由图可以看出，滞后环属于 D 类，孔隙结构以平板、狭缝孔为主，这与前面扫描电镜分析结果基本一致。

图 2-12(a)为柴达木盆地页岩样品比表面积测试结果，其中，C1-1~C1-8 为大煤沟组页岩样品，C2-1~C2-7 为石门沟组页岩样品，柴达木盆地大煤沟组和石门沟组的页岩比表面积为 4.6~15.2 $m^2 \cdot g^{-1}$，平均为 9.8 $m^2 \cdot g^{-1}$，图 2-12(b)为鄂尔多斯盆地和四川盆地页岩比表面积分布图，其中，E1~E10 为鄂尔多斯盆地页岩样品，S1~S9 为四川盆地页岩样品，由图可以看出，鄂尔多斯盆地页岩比表面积在 1.1~22.9 $m^2 \cdot g^{-1}$ 之间，平均为 7.3 $m^2 \cdot g^{-1}$，四川盆地页岩比表面积在 7.2~17.6 $m^2 \cdot g^{-1}$ 之间，平均为 12.5 $m^2 \cdot g^{-1}$，相比较而言，各盆地页岩样品的比表面积相差不大。总体来说，页岩样品的比表面积要远大于砂岩和煤的比表面积，原因是页岩中含有大量的黏土矿物及有机质，微孔较为发育，这为页岩提供了较大的比表面积，从而使其具有较强的气体吸附能力和较长的开发周期。

图 2-13(a)~(d)为柴达木盆地大煤沟组和石门沟组页岩样品的孔径分布图，从孔径分布来看，柴达木盆地页岩样品的孔径分布范围较宽，从微孔(<2nm)、中孔(2~50nm)到大孔(>50nm)均有分布(依据 IUPAC 孔径分类)，图 2-13(a)表明，大煤沟组页岩样品的中孔和大孔主要分布在 2~170nm，集中在 10~50nm 区间，中孔体积主要分布在 8.523~19.075 $mm^3 \cdot g^{-1}$ 区间，平均为 13.850 $mm^3 \cdot g^{-1}$，而对于石门沟组岩样，如图 2-13(c)所示，其中孔和大孔主要集中在 10~60nm 区间，中孔体积主

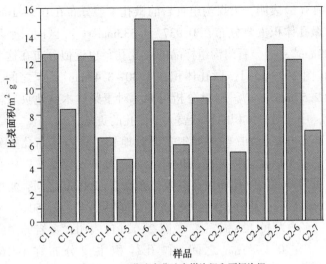

(a)柴达木盆地大煤沟组和石门沟组

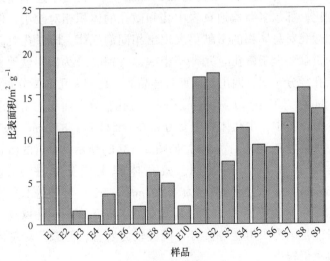

(b)鄂尔多斯盆地和四川盆地

图 2-12　页岩样品比表面积分布图

要分布在 10.018~17.847mm^3·g^{-1}，平均为 13.226mm^3·g^{-1}，图 2-13(b)表明，大煤沟组页岩的微孔主要分布在 0.5~1nm 之间，微孔体积主要分布在 0.937~4.333mm^3·g^{-1} 区间，平均为 2.909mm^3·g^{-1}，石门沟组样品的微孔孔径也近似分布在这个区间内[图 2-13(d)]，微孔体积在 1.30~3.47mm^3·g^{-1} 之间，平均为 2.57mm^3·g^{-1}。通过分析可知，对于柴达木盆地页岩样品而言，中孔对总体积的贡献要大于微孔的贡献。

图 2-13(e)和(f)为鄂尔多斯盆地长 7 页岩样品孔径分布图，鄂尔多斯盆地页岩样品的孔径分布范围也较宽，以中孔为主，页岩样品的中孔和大孔主要分布在 2~160nm 之间，集中在 10~70nm 区间，其中，中孔体积主要分布在 4.846~17.350mm^3·g^{-1} 之间，平均为 10.120mm^3·g^{-1}，图 2-13(f)表明，页岩的微孔主要分布在 0.4~1nm 之间，微孔体积主要分布在 0.163~7.009mm^3·g^{-1} 之间，平均为 2.310mm^3·g^{-1}，与柴达木盆地页岩相比，鄂尔多斯盆地页岩中孔和微孔的体积相对较小，但中孔和微孔对总体积的贡献仍表现出相同的规律，即中孔对总体积的贡献要大于微孔的贡献。图 2-13(g)和(h)为四川盆地页岩样品孔径分布图，四川盆地页岩样品的中孔和大孔主要分布在 2~160nm，集中在 10~100nm 区间，且孔径分布曲线上出现了两个峰值，其中，中孔体积主要分布在 6.511~11.877mm^3·g^{-1} 之间，平均为 9.143mm^3·g^{-1}，如图 2-13(h)所示，页岩的微孔主要分布在 0.4~1nm 之间，微孔体积主要分布在 3.236~6.066mm^3·g^{-1} 之间，平均为 4.597mm^3·g^{-1}，与柴达木盆地和鄂尔多斯盆地页岩相比，四川盆地页岩微孔的体积相对较大，这可能是因为四川盆地页岩有机质较为发育，但微孔对总体积的贡献仍较小。

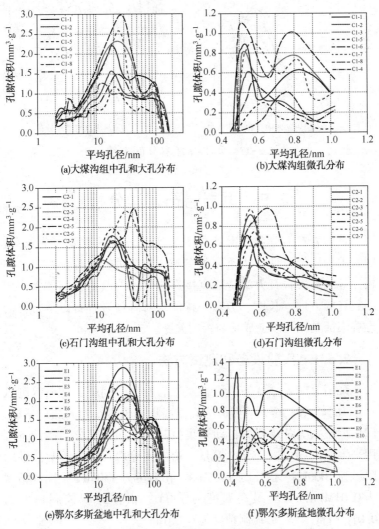

图 2-13　页岩样品孔径分布图

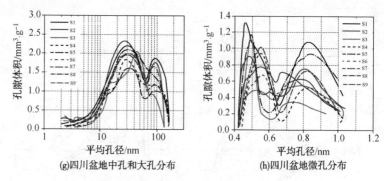

(g)四川盆地中孔和大孔分布　　　　(h)四川盆地微孔分布

图2-13　页岩样品孔径分布图(续)

2.5　页岩岩石力学分析

页岩岩石力学特征分析是页岩实验分析的重要组成部分，同时也为压裂设计提供重要的参数，包括页岩的弹性模量、泊松比等。页岩岩石力学特征直接影响储层的改造，例如水力压裂裂缝的方向、长度、形态等特征，因而页岩岩石力学特征的准确表征是压裂改造成功与否的关键。

2.5.1　实验设备和测试方法

采用RTR~1000静(动)态三轴岩石力学伺服测试系统测试页岩力学参数。全套装置分为高温高压三轴室、轴向加压系统、围压加压系统以及数据自动采集控制系统四大部分。该设备可用来测试抗压强度、弹性模量、泊松比等岩石力学参数。轴向限压为1000kN，围压为140MPa，孔隙压力140MPa，控制精度为0.01MPa，实验最高温度为150℃。液体体积控制精度为0.01g·cm⁻³，变形控制精度为0.001mm。

测试样品统一钻取成长50mm，直径25mm的圆柱，测试的具体流程如下：①处理页岩试样，将试样塑封后加载各类传感器，并对传感器进行调零；②装好液压油，抽真空排除空气；
③将实验温度录入实验控制程序；④在施加轴向载荷的过程中
记录下各级应力下的应力、应变值；⑤起动油泵，施加 0.5MPa
差应力，加围压到指定值，保持围压不变，各类位移传感器清
零，开始执行实验程序；⑥采用应变控制实验，增加轴向载荷
直到试样发生破坏。

2.5.2 实验结果与分析

图 2-14 为页岩样品弹性模量及泊松比的分布，从图中可以
看出，柴达木盆地大煤沟组页岩的弹性模量主要范围为 7.3 ~
15.2GPa，平均为 10.8GPa；泊松比主要范围为 0.21 ~ 0.42，平
均为 0.34。石门沟组页岩的弹性模量主要范围为 7.6 ~ 13.0GPa，
平均为 9.9GPa；泊松比主要范围为 0.22 ~ 0.43，平均为 0.34。
鄂尔多斯盆地页岩的弹性模量大于柴达木盆地页岩的弹性模量，
主要范围为 6.5 ~ 22.0GPa，平均为 13.7GPa；泊松比与柴达木
盆地相当，主要范围为 0.25 ~ 0.41，平均为 0.33。相比较而言，
四川盆地页岩的弹性模量最大，主要范围为 8.0 ~ 23.2GPa，平

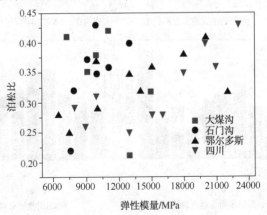

图 2-14 页岩样品弹性模量及泊松比分布

均为 15.3GPa，这可能主要是受矿物组成的影响；泊松比主要范围为 0.25~0.43，平均为 0.32。对于页岩来说，其弹性模量越高，脆性越大，在压裂改造过程中越容易产生裂缝，也就越有利于页岩气的开采[62]，由此可推断出，四川盆地页岩气层具有较好的压裂改造条件。

如图 2-15 所示，柴达木盆地大煤沟组页岩的抗压强度主要范围为 19.6~121.3MPa，平均为 85.1MPa。石门沟组页岩的抗压强度主要范围为 27.5~106.3MPa，平均为 81.2MPa。鄂尔多斯盆地页岩的抗压强度主要范围为 57.6~181.0MPa，平均为 92.0MPa。四川盆地页岩的抗压强度为 65.0~153.6MPa，平均

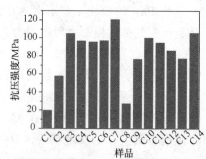

(a)柴达木盆地页岩样品(C1~C7为大煤沟组；C8~C14为石门沟组)

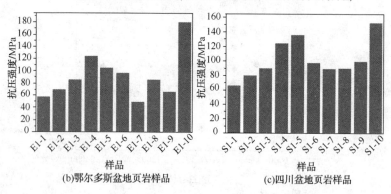

(b)鄂尔多斯盆地页岩样品　　　　(c)四川盆地页岩样品

图 2-15　页岩样品抗压强度分布图

为 102.4MPa。为了进一步分析页岩的脆性特征，这里采用 Rickman 提出的基于力学参数的脆性评价方法，计算得到的页岩样品的脆性指数如图 2-16 所示，大煤沟组页岩的 Rickman 脆性指数范围为 2.5～46.6，平均为 18.9。石门沟组页岩的 Rickman 脆性指数范围为 0.43～40.7，平均为 17.3。鄂尔多斯盆地页岩的 Rickman 脆性指数范围为 11.6～34.6，平均为 22.5。四川盆地页岩的 Rickman 脆性指数范围为 9.7～41.1，平均为 26.9。

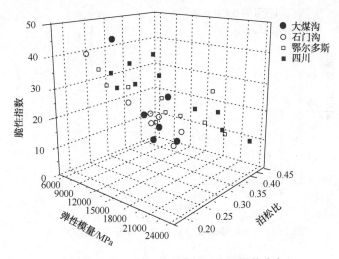

图 2-16　页岩样品力学参数及脆性指数分布

总体而言，各盆地页岩的力学参数分布范围较广，这可能与页岩样品的埋深有关，说明页岩的力学性质在纵向上存在差异。页岩的泊松比与弹性模量之间没有明显的相关性（图 2-14），而页岩的脆性指数与弹性模量存在一定的相关性（图 2-16），弹性模量高的岩样脆性一般也较强。另外，页岩的力学参数尤其是弹性模量和脆性指数与页岩的矿物组成密切相关，由前面页岩矿物组成分析可知，四川盆地页岩的黏土矿物含量较低，脆性矿物含量高，这里得到的四川盆地页岩的脆性指数也较高，相反，柴达木盆地页岩脆性矿物含量低，脆性指数也较低，因此，推断矿物组成和脆性指数可能存在某种相关关系，图 2-17 为页岩脆性矿物含量与脆性指数的变化关系图，从图中可以看出，两者之间呈现较好的线性关系，即页岩的脆性矿物含量越高，其脆性指数越高，越容易形成复杂裂缝。因此，这也给我们一个启示：可以根据页岩的矿物组成定性的判断脆性指数的大小或页岩的可压性。

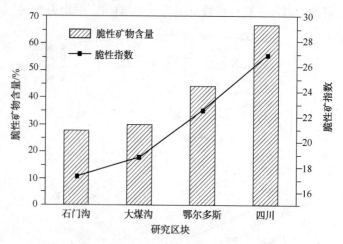

图 2-17　页岩样品脆性矿物含量与脆性指数关系图

2.6　页岩气藏的温度和压力

国外页岩气藏井深一般为 200～2600m，地温梯度约 4～12℃/100m，不同盆地的页岩气藏也有差别[94]。原始页岩气藏一般为高异常压力，且地层压力是多变的。当发生构造抬升或沉积运动时，其异常压力相应的发生变化。Chalmers[95] 和 Raut 等[96]研究认为，页岩气储层中压力与页岩的吸附量有相关，在高压时，页岩的气体吸附量较多。一般而言，压力增大，页岩气藏中吸附气量越大，游离气量相应减少，但受页岩比表面的限制，吸附气量增大到一定程度后会趋于稳定状态。通过现场页岩气井测试资料的汇总分析得到，国内柴达木盆地大煤沟组的井深，分布在1358~2460m之间，地层压力一般在8~12MPa，温度在43~69℃之间。柴达木盆地石门沟组的井深，分布在1052~1928m之间，地层压力一般在6~10MPa，温度在37~58℃之间。鄂尔多斯盆地长7段的井深，分布在1590~2820m之间，地层压力一般在7~13MPa，温度在45~80℃之间。四川盆地龙马溪组的井深，分布在1906~3175m之间，地层压力一般在8~15MPa，温度在53~86℃之间。

3 页岩吸附 CH_4 和 CO_2 实验研究

页岩气藏中 CH_4 主要以游离态和吸附态两种形式存在，其中，吸附气含量范围较宽，约 $20\% \sim 85\%$，游离气主要决定气井初期产量，吸附气主要决定气井稳产期，若采用 CO_2 干法压裂技术开发页岩气藏，当 CO_2 进入页岩储层时，在 CO_2 强于 CH_4 的岩石吸附能力的情况下，CO_2 分子占据了原有的 CH_4 分子空间，将吸附态的 CH_4 分子变为游离态，通过孔隙喉道流入井筒被开采出来，而 CO_2 分子则以更强大的吸附力被束缚在页岩表面或驻留在储层孔隙中，因此，采用 CO_2 压裂技术开发页岩气藏不仅可以极大地提高页岩气藏的采收率，同时还具有节能减排的作用。CO_2 提高页岩气藏采收率技术的理论基础是多组分吸附，由于多组分吸附实验的复杂性，其研究程度相对低于单组分吸附，目前仍处于研究探索阶段，国内外对页岩吸附多组分气体的研究还未见报道。本章采用页岩吸附实验装置进行页岩吸附 CH_4/CO_2 特性的研究，着重分析页岩与 CH_4 和 CO_2 分子之间的相互作用机制，优选页岩吸附 CH_4/CO_2 模型；在研究 CH_4-CO_2 二元气体吸附过程中各组分吸附量变化规律的基础上，研究气体压力、组分浓度对吸附选择性的影响机制，深入分析各因素对二元组分气体吸附的影响；计算吸附过程的等量吸附热，从页岩的吸附热力学角度，研究页岩基质对 CO_2 和 CH_4 分子选择性吸附机理，为后续 CO_2 干法压裂压后产量分析及注 CO_2 开发页岩气提供理论依据。

46

3.1 实验方法及原理

3.1.1 实验样品及材料

本次实验研究选取柴达木盆地和鄂尔多斯盆地共 7 块页岩岩心，如表 3-1 所示，1#~3#为柴达木盆地页岩岩样，4#~7#为鄂尔多斯盆地页岩岩样。柴达木盆地页岩岩样取自侏罗系大煤沟组，取样深度为 1938~1985m，页岩有机质含量为 1.1%~1.8%，成熟度为 0.3%~0.8%，从矿物组成来看，主要以高岭石、石英、伊利石为主，还包含少量的黄铁矿和钾长石，石英的含量为 17.1%~27.1%，远小于黏土矿物的含量，岩样黏土矿物的含量大于 70%，高岭石为主要的黏土矿物，其含量大于 50%，其中，3#页岩岩样黏土矿物和高岭石的含量均为最高。鄂尔多斯盆地页岩岩样取自三叠系延长组长 7 段，取样深度为 2145~2193m，页岩有机质含量为 0.8%~2.0%，成熟度为 0.5%~1.0%，从矿物组成来看，主要以石英、长石、伊蒙混层为主，还包含少量的伊利石和绿泥石等，硅质矿物的含量为 33.9%~58.3%，平均为 44.3%，而岩样黏土矿物的含量为 40.5%~55.4%，平均为 49.7%，伊蒙混层为主要的黏土矿物，其含量为 22.4%~33.2%，平均为 28.1%，其中，7#页岩岩样黏土矿物含量最高。如表 3-2 所示，柴达木盆地页岩样品的比表面积在 8.4~12.6m^2·g^{-1} 之间，孔径分布范围较宽，从微孔（<2nm）、中孔（2~50nm）到大孔（>50nm）均有分布，从页岩孔隙体积分布来看，大孔体积分布在 1.14~1.89mm^3·g^{-1} 之间，中孔体积分布在 11.5~16.8mm^3·g^{-1} 之间，微孔体积则主要分布在 2.92~4.29mm^3·g^{-1} 之间。鄂尔多斯盆地页岩样品的比表面积相对较小，分布在 1.14~2.06m^2·g^{-1} 之间，孔径分布范围也较宽，中孔体积分布在 4.02~6.71mm^3·g^{-1} 之间，大孔体积分布在 2.29~

3.93mm^3 · g^{-1}之间，微孔体积则主要分布在0.16~1.03mm^3 · g^{-1}之间。相比较而言，鄂尔多斯盆地页岩的中孔和微孔体积都比柴达木盆地小，而其大孔体积较大，这可能与页岩样品的矿物组成相关。在本次的研究中，用于气体吸附实验的页岩样品参照GB/T 19560—2008《高压等温吸附试验方法》进行预处理，吸附气体CO$_2$和CH$_4$的纯度均大于99.995%，可以满足实验要求。

表3-1 页岩样品矿物组成(%)及有机质和成熟度(%)

编号	石英	长石	高岭石	伊蒙混层	伊利石	方解石	绿泥石	黄铁矿	TOC	Ro
1#	20.3	0.3	55.5		23.0			0.9	1.8	0.3
2#	27.1	0.4	53.0		19.5				1.1	0.5
3#	17.1	0.4	68.0		14.5				1.5	0.8
4#	30.7	27.6	2.6	22.4	9.8	1.2	5.8		0.9	0.7
5#	18.8	25.5	2.5	33.2	12.6	2.5	4.9		0.8	0.6
6#	25.2	15.7	8.1	25.0	10.2	5.9	9.9		1.6	0.5
7#	23.6	10.3	3.3	32.3	14.0	10.7	5.8		2.0	1.0

表3-2 页岩样品比表面积及孔隙体积分布

编号	BET比表面积/ m^2 · g^{-1}	大孔体积/ mm^3 · g^{-1}	微孔体积/ mm^3 · g^{-1}	中孔体积/ mm^3 · g^{-1}	N$_2$吸附样品质量/g
1#	12.6	1.14	4.29	16.0	2.1451
2#	8.4	1.62	2.92	11.5	1.9286
3#	12.4	1.89	4.27	16.8	1.3183
4#	1.14	2.29	0.16	4.02	2.0217
5#	1.64	3.44	0.26	5.62	1.9329
6#	1.97	3.42	0.82	6.04	1.8475
7#	2.06	3.93	1.03	6.71	1.7580

3.1.2 实验装置

气体吸附实验是在吸附实验装置上完成的，如图 3-1 所示，气体吸附实验装置主要由供气系统、真空泵系统、气体吸附系统和数据采集及处理系统四个模块组成，供气系统主要包括高压气瓶、减压阀、中间容器、恒压泵、压力表等，在供气系统中，减压阀的主要作用是对高压气体进行减压，恒压泵最高压力为 30MPa，可以在恒压状态下运行，主要作用是维持吸附系统的压力，中间容器主要是对气体进行缓存。真空泵的主要作用是将实验管路抽真空，排除空气对吸附量的影响。气体吸附系统主要由参考缸、样品缸和恒温箱组成，其中，参考缸的体积记为 V_r，主要作用为存储气体，样品缸的体积记为 V_s，样品缸和参考缸之间采用 1/16in（1.5875mm）不锈钢管连接，为了保证整个吸附过程在恒温条件下进行，样品缸、参考缸、压力变送器以及阀门 V_2 都置于恒温箱内，恒温箱的精度为 0.1℃。气相色谱、压力传感器和热电偶都与计算机相连，通过计算机可以实时的监控和记录吸附系统压力、温度及气体组成的变化。

3.1.3 实验流程

1）单组分吸附实验

页岩样品对单组分 CO_2 和 CH_4 气体的吸附测试在气体吸附实验装置上进行，实验温度为 308 ~ 358K，实验压力为 0 ~ 10MPa，页岩样品的吸附量即气体吸附等温线由静态容量法确定，在实验的温度范围内，CO_2 气体可能处于气态或超临界态。具体的实验流程为：①系统密封性检测；②采用氦气测定样品缸自由空间体积；③将包括参考缸和样品缸（装有岩样）以及连接管线在内的吸附系统抽真空 20 ~ 30min，并设定系统温度；④打开气瓶总阀及充气阀 V_1，使高压钢瓶中的 CH_4/CO_2 气进入参考缸，然后关闭充气阀，并记录参考缸的压力，应用气体状

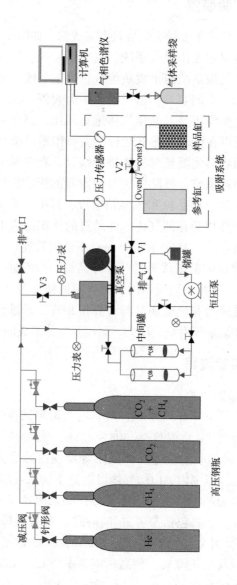

图3-1 气体吸附实验装置

态方程，计算充入整个系统里面的 CH_4/CO_2 气体量；⑤缓慢打开平衡阀 V_2，连通参考缸和样品缸，气体由参考缸向样品缸膨胀，记录平衡后参考缸和样品缸的压力；⑥保持 6~8h 以上，使岩样充分吸附气体，记录最终平衡压力 p_1，计算系统内剩余游离甲烷量，得到压力 p_1 时页岩岩样吸附的气体量；⑦在此基础上，参考缸第二次充气，当系统压力不足时，采用恒压泵加压至目标压力，然后打开参考缸和样品缸平衡阀，保持 6h 以上，记录最终平衡后的压力 p_2，求得压力为 p_2 时的吸附量；⑧根据实验需要，重复步骤⑦，依次提高实验压力，直至达到要求的实验压力，分别计算每一个压力点下岩样吸附量，关于实验所得吸附数据的进一步处理后面将作详细介绍。

2）二元气体吸附实验

本次研究采用静态法进行多组分气体吸附实验，即在固定多组分气体气源浓度的基础上，采用递增压力的方法，测试得到不同吸附压力条件下的气体吸附量[97]。其测试的原理是计算吸附平衡前后吸附系统中自由空间的混合气体的总摩尔数，这两个值的差即为被吸附气体的总摩尔数，然后再根据浓度的关系计算各组分气体的吸附量。虽然吸附实验中的气源浓度是固定不变的，但完成每个气体吸附压力点的测试后，吸附系统中处于自由态的气体组成和原始气源中气体的组成关系已存在差异，始终不是一个定值，因而这也是此方法的一个不足之处，但此吸附实验过程相对比较容易实现，这种方法目前也被国内外学者普遍应用于多组分吸附的实验研究中。

在本书中，多组分气体吸附实验同样采用上述气体吸附实验装置进行，采用静态-固定气源浓度法进行测试。由于在二元气体吸附过程中，各气体组分的吸附能力存在差异，因而在实验过程中，样品缸中的游离态二元气体的组分浓度将会发生变化，所以在二元气体的等温吸附实验过程中，不仅要对二元气体的平衡压力进行测量，而且还需要采用气相色谱测量在平衡压力条件下的游离态气体的各组分相对含量。实验具体流程如下：①系统密封性检测；②采用氦气测定样品缸自由空间体积；③将包括参考缸和样品缸(装有岩样)以及连接管线在内的吸附系统抽真空 20~30min，并设定系统温度；④打开混合气气瓶总阀及充气阀 V_1，使高压钢瓶中的 CH_4 和 CO_2 的混合气进入参考缸，开启恒压泵使系统达到目标压力，然后关闭充气阀，并记录参考缸的压力；⑤缓慢打开平衡阀 V_2，连通参考缸和样品缸，二元气体由参考缸向样品缸膨胀，记录平衡后参考缸和样品缸的压力，并利用针筒对参考缸内的二元气体进行取样，再采用气相色谱对样品中的气体组分及时进行测定；⑥保持 6~8h 以上，使岩样充分吸附气体，待吸附平衡后，记录最终平衡压力，再次利用针筒对参考缸内的气体进行取样，并采用气相色谱对样品中的气体组分及时进行测定，对比原始二元气体组分与吸附平衡时的二元气体组分，计算二元气体总的吸附量及各组分的吸附量；⑦根据实验需要，重复上述④~⑥步骤，依次提高实验压力，直至达到要求的实验压力。

3.1.4　绝对吸附量与过剩吸附量

在吸附实验过程中，直接计算得到的吸附量为 Gibbs 吸附量，又称视吸附量或过剩吸附量[98]。与之相对应的是绝对吸附量，在高压吸附测试中，过剩吸附量小于绝对吸附量[99,100]。通常过剩吸附量可由下式计算：

$$n_{exc} = n_{abs} - \rho_g(p, T) V_{ads} \qquad (3-1)$$

式中　n_{exc}——过剩吸附量，$mmol \cdot g^{-1}$；

　　　n_{abs}——绝对吸附量，$mmol \cdot g^{-1}$；

　　$\rho_g(p, T)$——游离相气体密度，$mmol \cdot cm^{-3}$，是压力和温度的函数，可通过状态方程计算得到[101]；

　　　V_{ads}——吸附相体积，$cm^3 \cdot g^{-1}$。

吸附相体积、绝对吸附量与吸附相密度满足下式：

$$V_{ads} = \frac{n_{abs}}{\rho_{ads}} \qquad (3-2)$$

式中 ρ_{ads}——吸附相的摩尔密度，$mmol \cdot cm^{-3}$，指吸附相密度的平均值。

联立式(3-1)和式(3-2)可得下面关系式[102]：

$$n_{exc} = n_{abs}\left(1 - \frac{\rho_g(p, T)}{\rho_{ads}}\right) \qquad (3-3)$$

式(3-3)给出了绝对吸附量与过剩吸附量的关系，可以看出，由过剩吸附量计算绝对吸附量，必须首先确定吸附相密度值，在传统的吸附机理研究中，常常把吸附相当作液态来处理，如利用 Langmuir 方程计算比表面积、利用 BET 方程和吸附势理论计算微孔体积等。当温度超过临界温度时，气体不会被液化，被吸附相只能以压缩气体形式存在，也有学者认为吸附相类似于液态。由于很难通过实验直接观测到吸附相，因而目前对吸附相的认识主要建立在理论假设的基础上。以 CH_4 为例，目前常采用3种方法获取 CH_4 吸附相的密度：一是利用 CH_4 物性参数，由 van der Waals 的参数进行计算；二是采用经验公式进行计算，例如 Ozawa 经验公式等；三是根据气体吸附实验的关系曲线来计算。本书采用第一种方法，即根据 CH_4 和 CO_2 的物性参数，由 van der Waals 参数来计算吸附相的密度值[97]。由于等温吸附实验是在高于 CO_2 和 CH_4 临界温度条件下进行的，因此可以把处于吸附相的 CO_2 和 CH_4 视为是被极限压缩的气体而非液体。当气体分子最大限度被压缩，它所占有的体积就是气体分子自身固有的体积所引起的分子自由运动空间的减少值，这和 van der Waals 气体状态方程里面的体积修正项 b 值的物理意义相一致，如式(3-4)所示。

$$\left(p + \frac{a}{V_m^2}\right)(V_m - b) = RT \qquad (3-4)$$

式中　　a——van der Waals 气体状态方程里面的压力修正项，
　　　　　　Pa·m^6·mol^{-2}；

　　　　b——van der Waals 气体状态方程中里面的体积修正项，
　　　　　　m^3·mol^{-1}；

　　　　T——温度，K；

　　　　p——压力，Pa；

　　　　R——气体常数，J·mol^{-1}·K^{-1}；

　　　　V_m——一定温度和压力条件下气体的摩尔体积，m^3·mol^{-1}。

吸附相的密度由下式计算：

$$\rho_{ads} = (1/b) \times M \tag{3-5}$$

式中　　M——气体的摩尔质量，g·mol^{-1}。

CO_2 和 CH_4 的 b 值及计算出的吸附相的密度如表 3-3 所示。

表 3-3　CO_2 和 CH_4 的 b 值及吸附相的密度

气体	M/g·mol^{-1}	b/10^{-5} m^3·mol^{-1}	ρ_{ads}/kg·m^{-3}
CH_4	16	4.28	374
CO_2	44	4.28	1028

3.1.5　吸附热力学

吸附热可以较为准确地表征吸附过程的物理和化学本质、吸附剂的吸附能力强弱等，对分析物质的表面结构以及评价吸附剂与吸附质间的相互作用力大小等都有很大帮助[103]。吸附热可以分为积分吸附热和微分吸附热。等量吸附热(Q_{st})是微分吸附热中应用较为广泛的一种，其定义为：在恒定温度、恒定压力和吸附剂表面积恒定的条件下，吸附 n 摩尔气体的焓变为 ΔH，Q_{st} 为 ΔH 的偏摩尔量，通过式(3-6)可以计算出等量吸附热。

$$\ln p = \frac{\Delta H}{RT} - \frac{\Delta S^0}{R} + \ln p^0 \qquad (3-6)$$

式中 p——压力，MPa；

ΔH——吸附焓，kJ·mol^{-1}，等于等量吸附热 Q_{st} 的负值；

R——气体常数，J·mol^{-1}·K^{-1}；

ΔS^0——摩尔吸附熵，J·mol^{-1}·K^{-1}；

p^0——标准大气压，MPa。

式(3-6)表明 $1/T$ 和 $\ln p$ 之间满足线性关系，可由斜率计算获得等量吸附热 Q_{st}。具体的方法是：利用不同温度下的系列吸附数据，并用吸附方程来表达压力和吸附量的关系，然后固定一个吸附量值，计算不同温度下所需的平衡压力，绘出温度和压力的关系图即得到吸附等量线，然后利用 $1/T$ 和 $\ln p$ 的直线关系求出 Q_{st}[104]。

3.2 实验结果

3.2.1 单组分 CH$_4$ 和 CO$_2$ 气体吸附

1) 柴达木盆地

首先根据平衡前后压力的变化并结合气体状态方程计算某平衡压力下的气体过剩吸附量，然后由式(3-3)计算出绝对吸附量，最终可以得到吸附等温线，本书的气体吸附量均采用绝对吸附量。在实验温度为 308~358K，压力为 0~10MPa 的条件下，柴达木盆地页岩样品的 CH$_4$ 和 CO$_2$ 单组分气体吸附等温线如图 3-2 所示，从图中可以看出，柴达木盆地页岩样品对 CO$_2$ 和 CH$_4$ 具有不同的吸附能力，对于相同的页岩样品，CO$_2$ 的吸附量约为 CH$_4$ 的 4 倍，同时，不同页岩样品对气体的吸附量也存在较大的差异，所有页岩样品中，3#页岩的 CO$_2$ 和 CH$_4$

吸附量最大，分别为 12.45cm^3·g^{-1}和 3.15cm^3·g^{-1}，2#页岩的CO_2和CH_4吸附量最小，分别为 8.86cm^3·g^{-1}和 1.90cm^3·g^{-1}，不同页岩对于气体吸附量的差异可能与页岩的比表面和比孔容相关。

2）鄂尔多斯盆地

鄂尔多斯盆地页岩样品的CH_4和CO_2单组分气体吸附等温线如图 3-3 所示，从图中可以看出，和柴达木盆地页岩类似，鄂尔多斯盆地页岩样品对CO_2和CH_4的吸附量也是存在差异的，在相同的实验条件下，同一页岩样品对CO_2的吸附量约为CH_4的 3 倍，同时，不同页岩样品对气体的吸附量也存在较大的差异，所有页岩样品中，7#页岩的CO_2和CH_4吸附量最大，分别为 3.94cm^3·g^{-1}和 1.45cm^3·g^{-1}，4#页岩的CO_2和CH_4的吸附量最小，分别为 2.71cm^3·g^{-1}和 0.92cm^3·g^{-1}。综合图 3-2 和图 3-3 可以看出，鄂尔多斯盆地和柴达木盆地页岩样品对CO_2和CH_4气体的吸附能力存在一定的差异。

3）吸附量比较

这里将柴达木盆地页岩、鄂尔多斯盆地页岩以及文献中报道的国外页岩对气体的吸附量进行了对比，实验条件下各地区页岩样品的最大吸附量如表 3-4 所示，与柴达木盆地页岩相比，鄂尔多斯盆地页岩的CO_2和CH_4吸附量相对较小，具体来说，柴达木盆地页岩对于CH_4的吸附量约为鄂尔多斯盆地的 1.5 倍，其CO_2的吸附量约为鄂尔多斯盆地的 2 倍，美国 Ohio 页岩对CH_4和CO_2的吸附量最小，美国 New Albany 页岩的CH_4和CO_2吸附量与鄂尔多斯盆地相近，和国外其他页岩相比，本次研究中的柴达木盆地和鄂尔多斯盆地的页岩样品对CO_2和CH_4的吸附量处于中等，然而，事实上，页岩的吸附能力受许多因素的影响，实验条件和计算方法或许也存在一定的差异，因此，测试得到的吸附量不能简单的进行大小的比较。

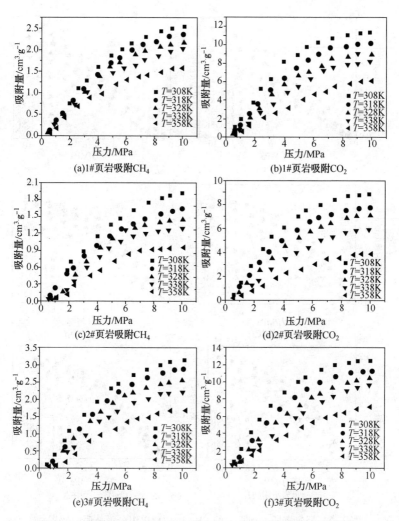

图 3-2　柴达木盆地页岩的 CH_4 和 CO_2 单组分气体吸附等温线

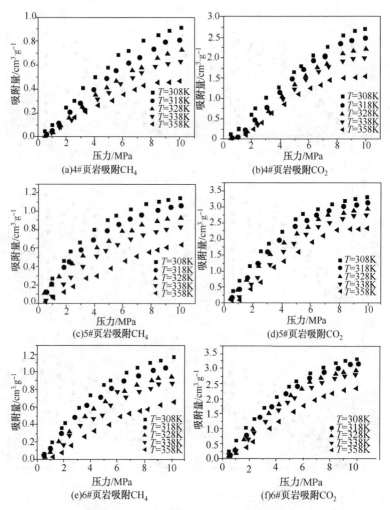

图3-3 鄂尔多斯盆地页岩的 CH_4 和 CO_2 单组分气体吸附等温线

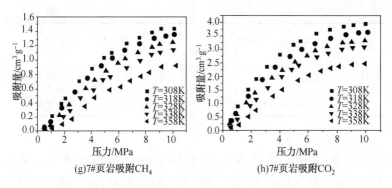

(g)7#页岩吸附CH₄   (h)7#页岩吸附CO₂

图3-3 鄂尔多斯盆地页岩的 CH₄ 和 CO₂ 单组分气体吸附等温线(续)

表3-4 各地区页岩吸附 CH₄ 和 CO₂ 对比

吸附质	实验样品	温度/K	压力/MPa	吸附量/mmol·g⁻¹	数据来源
CH₄	New Albany 页岩	328	1.45~12.52	0.0412	Chareonsuppanimit[85]
CH₄	Ohio 页岩	303	0.46~9.65	0.0044	Nuttall[74]
CH₄	New Albany 页岩	303	0.28~9.24	0.1037	Nuttall[74]
CH₄	Paraná Basin(Brazil)	308	0~25	0.03~0.47	Weniger[87]
CH₄	上扬子地区	319	0~25	0.036~0.310	Tan[105]
CH₄	Barnett 页岩	338	0~25	0.007~0.153	Gasparik[104]
CH₄	Alum 页岩	338	0~25	0.052~0.191	Gasparik[104]
CH₄	柴达木盆地页岩	308	0~10	0.069~0.113	本次研究
CH₄	鄂尔多斯盆地页岩	308	0~10	0.041~0.065	本次研究
CO₂	New Albany 页岩	328	1.7~12.6	0.118	Chareonsuppanimit[85]
CO₂	Ohio 页岩	303	0.33~5.62	0.062	Nuttall[74]
CO₂	Paraná Basin(Brazil)	308	0~25	0.14~0.54	Weniger[87]
CO₂	Muderong 页岩	318	0~20	0.4~1.65	Busch[106]

吸附质	实验样品	温度/K	压力/MPa	吸附量/mmol·g^{-1}	数据来源
CO$_2$	柴达木盆地页岩	308	0~10	0.293~0.418	本次研究
CO$_2$	鄂尔多斯盆地页岩	308	0~10	0.121~0.176	本次研究

4) 吸附模型

一般来说,吸附等温线可以采用 Langmuir 模型、DA (Dubinin - Asthakov) 模型、DR (Dubinin - Radushkevich) 模型、BET 模型等进行描述,在本次研究中,CH$_4$ 和 CO$_2$ 的等温吸附数据采用基于吸附势理论的 DA 模型进行拟合,其数学表达式为:

$$n_{abs} = n_o \exp\left\{-\left[k_a \ln\left(\frac{p_o}{p}\right)\right]^{n_a}\right\} \tag{3-7}$$

或

$$V_{abs} = V_o \exp\left\{-\left[k_a \ln\left(\frac{p_o}{p}\right)\right]^{n_a}\right\} \tag{3-8}$$

式中 V_{abs}——单位质量吸附剂的吸附量,cm^3·g^{-1};

V_o——最大吸附量,cm^3·g^{-1};

k_a——吸附剂与吸附质的亲和系数;

n_a——吸附剂的非均质系数。

为分析任一吸附压力下 DA 模型拟合的精度,引入了模型的平均相对误差 M_{RE}:

$$M_{RE} = \frac{100}{N}\sum_{i=1}^{N}\left|(V_i^{exp} - V_i^{cal})/V_i^{exp}\right| \tag{3-9}$$

式中 V_i^{exp}——任一吸附压力下吸附量的实验值,cm^3·g^{-1};

V_i^{cal}——任一吸附压力下吸附量的拟合值,cm^3·g^{-1};

N——数据的组数。

页岩吸附气体的 DA 模型拟合参数如表 3-5 所示，由于篇幅有限，书中只给出了温度为 308K 时 DA 模型的拟合参数，拟合结果表明，DA 模型的拟合平均相对误差为 0.28% ~ 4.37%，说明 DA 模型对研究区页岩的 CH_4 和 CO_2 吸附具有较好的拟合效果。

表 3-5　页岩吸附气体的 DA 模型拟合参数表

实验样品	吸附质	温度/K	模型参数			
			$V_o/cm^3 \cdot g^{-1}$	k_a	n_a	$M_{RE}/\%$
1#页岩	CO_2	308	11.3	0.601	1.80	2.80
	CH_4	308	2.60	0.613	1.81	2.38
2#页岩	CO_2	308	8.82	0.612	1.82	1.44
	CH_4	308	1.95	0.623	1.71	0.42
3#页岩	CO_2	308	12.4	0.606	1.80	0.28
	CH_4	308	3.20	0.613	1.80	0.93
4#页岩	CO_2	308	2.76	0.858	1.19	4.37
	CH_4	308	0.954	0.628	1.56	1.68
5#页岩	CO_2	308	3.30	0.582	1.52	1.73
	CH_4	308	1.16	0.509	1.75	2.01
6#页岩	CO_2	308	3.31	0.644	1.43	1.65
	CH_4	308	1.19	0.583	1.64	1.96
7#页岩	CO_2	308	3.38	0.645	1.45	1.29
	CH_4	308	1.54	0.632	1.57	2.75

3.2.2　二元气体吸附

1）柴达木盆地

柴达木盆地页岩的二元气体吸附实验结果如图 3-4、图 3-5 和图 3-6 所示，实验所采用的二元气体配比分别为 20%CO_2 + 80%CH_4、40%CO_2 + 60%CH_4、60%CO_2 + 40%CH_4 和 80%CO_2 + 20%CH_4。图 3-4 是温度为 308K 时页岩岩样对不同配比的二元

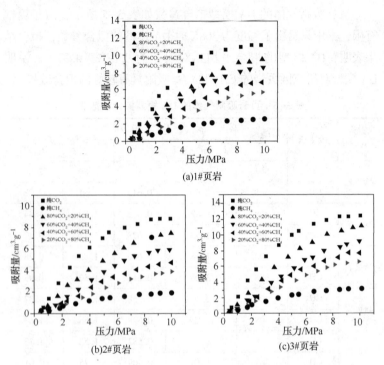

图 3-4　柴达木盆地页岩的 CH$_4$ 和 CO$_2$ 二元气体总吸附量(308K)

气体总吸附量的实验结果，从图中可以看出，页岩对二元气体的总吸附量总体上处于纯 CO$_2$ 和 CH$_4$ 吸附量之间，且页岩对二元气体总的吸附量随着混合气体中 CO$_2$ 比例的增加呈现增加的趋势，这也说明了该页岩岩样对 CO$_2$ 的吸附能力大于 CH$_4$。3#页岩对于二元气体总的吸附量显然大于其他两块页岩，这与之前单组分气体吸附结果类似。图 3-5 是温度为 308K 时 1#页岩岩样对不同配比的二元气体总吸附量及各组分吸附量的测试结果，由图可以看出，1#页岩对二元气体中 CO$_2$ 的吸附量随着气体压力的增加呈现增加趋势，CH$_4$ 也呈现出相同的变化趋势，然而，随着气体压力的增加，CH$_4$ 吸附量的增加幅度相对较小，同时，对于四种不同配比的气体，岩样对于 CO_2 的吸附量都大于 CH_4，只有当二元气体组成为 20% CO_2+80% CH_4 时，在吸附初期压力较低时，CO_2 的吸附量小于 CH_4 的吸附量，这主要是因为虽然页岩岩样对 CH_4 的吸附能力弱于 CO_2，但是由于气体中 CH_4 的含量较高，CH_4 的分压大，在该压力条件下，CH_4 首先趋于吸附饱和，而 CO_2 在该条件下远未达到饱和，之后随着压力的增加，在 CO_2 与 CH_4 的竞争吸附过程中，CO_2 的优势地位得到体现，此时，二元气体中 CO_2 组分浓度越高，CO_2 的竞争吸附优势就越明显，随着 CO_2 组分浓度的增加，二元气体中 CO_2 的吸附量逐渐增加，而 CH_4 的吸附量逐渐减小。2#和3#页岩也遵循同样的变化规律。

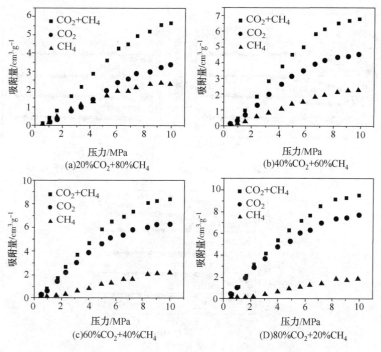

图 3-5　1#页岩的 CH_4 和 CO_2 二元气体各组分吸附量(308K)

在本次研究中，CO$_2$ 和 CH$_4$ 在页岩表面的优先吸附评价采用 Busch 等[107]提出的煤样对二元气体选择性吸附的研究方法，即当页岩对二元气体达到吸附平衡后，比较游离态气体中 CO$_2$ 的比例和初始气源中 CO$_2$ 的比例，将气源中 CO$_2$ 的比例作为基线，如果游离态气体中 CO$_2$ 的比例低于气源中 CO$_2$ 的比例，即游离态气体中 CO$_2$ 的比例位于基线以下，表明处于游离态的 CO$_2$ 有较大的损耗，如果游离态气体中 CO$_2$ 的比例位于基线以上，这表明相对于气源，游离态的 CO$_2$ 大量富集。因此，对于竞争吸附曲线，当游离态气体中 CO$_2$ 的比例位于基线以下时，则表明混合气体中 CO$_2$ 存在优先吸附。图 3-6 为柴达木盆地页岩样品的二元气体竞争吸附测试结果，从图中可以看出，在不

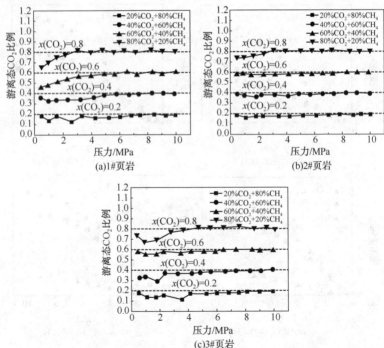

图 3-6 柴达木盆地页岩的 CH$_4$ 和 CO$_2$ 二元气体竞争吸附曲线(308K)

同的二元气体配比下，页岩样品均表现出了优先吸附 CO$_2$ 的特性，在吸附过程中，页岩对 CO$_2$ 的优先吸附表现出了较大的差异性，1#和3#页岩表现出了较强的 CO$_2$ 优先吸附特性。此外，由竞争吸附曲线可以看出，在较低的压力下（小于 4MPa），游离态 CO$_2$ 比例偏离基线，表明优先吸附水平较高，当压力逐渐增加时，游离态 CO$_2$ 比例接近基线，说明优先吸附水平变低。对比之下，2#页岩的 CO$_2$ 优先吸附能力较差，仅在压力小于 3MPa 时可以观察到优先吸附 CO$_2$ 的现象。进一步分析发现，所有页岩样品的二元气体优先吸附特性几乎不受气源比例的影响，即页岩的优先吸附特性与气源中 CO$_2$ 的比例无关，Busch 等[132]在研究二元气体竞争吸附时也发现了这种现象，因此，任何类型的竞争吸附行为只与页岩自身的性质有关，例如，页岩的矿物组成、孔隙结构等。

2）鄂尔多斯盆地

鄂尔多斯盆地页岩的二元气体吸附实验结果如图 3-7、图 3-8 和图 3-9 所示，二元气体的配比分别为 20%CO$_2$+80%CH$_4$、40%CO$_2$+60%CH$_4$、60%CO$_2$+40%CH$_4$ 和 80%CO$_2$+20%CH$_4$。图 3-7 是温度为 308K 时页岩岩样对不同配比的二元气体总吸附量的实验结果，同样可以看出，页岩对二元气体的总吸附量总体上小于纯 CO$_2$ 的吸附量，而大于 CH$_4$ 的吸附量，随着二元气体中 CO$_2$ 比例的增加，页岩对二元气体的总吸附量呈现增加的趋势。在相同条件下，4#页岩对二元气体的总吸附量最小，7#页岩对二元气体的总吸附量最大，这与之前单组分气体吸附测试结果也是类似的。图 3-8 是温度为 308K 时 4#页岩岩样对不同比例的二元气体总吸附量及各组分吸附量的测试结果，由图可以看出，二元气体总吸附量及各组分吸附量都随着气体压力的增加呈现增加趋势，在二元气体吸附过程中，CO$_2$ 的吸附量随压力变化较大，而 CH$_4$ 吸附量的增加幅度相对较小，对于四种不同配比的二元气体，页岩岩样对 CO$_2$ 的吸附量都大于 CH$_4$，只有当二元气体组成为 20%CO$_2$+80%CH$_4$ 和 40%CO$_2$+60%CH$_4$ 时，在吸附初期压力较低时，CO$_2$ 的吸附量明显小于 CH$_4$ 的吸附量，原因上面已经作了分析，这里不再赘述。另外，由于篇幅有限，这里只给出了 4#页岩的测试结果，通过研究发现，5#、6#和7#页岩测试结果也遵循同样的规律。

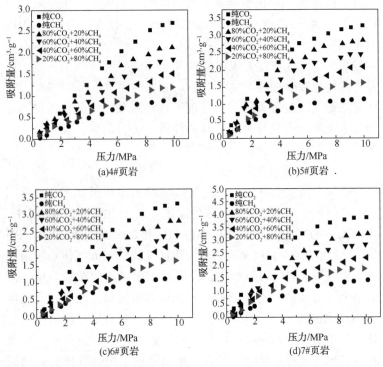

图 3-7 鄂尔多斯盆地页岩的 CH$_4$ 和 CO$_2$ 二元气体总吸附量(308K)

图 3-9 为鄂尔多斯盆地页岩的二元气体竞争吸附测试结果，实验温度为 308K，二元气体的配比分别为 20%CO$_2$+80%CH$_4$、40%CO$_2$+60%CH$_4$、60%CO$_2$+40%CH$_4$ 和 80%CO$_2$+20%CH$_4$。由图可以看出，在不同的二元气体配比下，岩样均表现出了一定的优先吸附 CO$_2$ 特性，同时，页岩对 CO$_2$ 的优先吸附表现出了

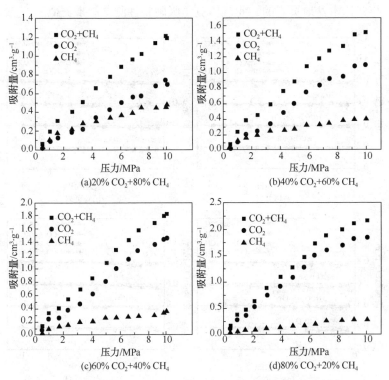

图 3-8　4#页岩的 CH_4 和 CO_2 二元气体各组分吸附量(308K)

较大的差异性，4#页岩表现出了较弱的 CO_2 优先吸附特性，7#页岩的优先吸附特性最强，5#和6#页岩的优先吸附特性居中，从总体上看，鄂尔多斯盆地页岩对 CO_2 的优先吸附特性要弱于柴达木盆地。此外，当压力小于6MPa时，游离态 CO_2 比例偏离基线较为明显，表明页岩优先吸附 CO_2 水平较高，当压力逐渐增加时，游离态 CO_2 比例接近基线，说明优先吸附水平变低，4#页岩仅在压力小于2MPa时表现出了 CO_2 的优先吸附特性。对于相同的岩样，不同配比的二元气体表现出的优先吸附特性相近，所有页岩样品的二元气体优先吸附特性几乎不受气源比例的影响，即页岩的优先吸附特性与气源中 CO_2 的比例无关，这与柴达木盆地页岩的二元气体竞争吸附特性测试结果类似。

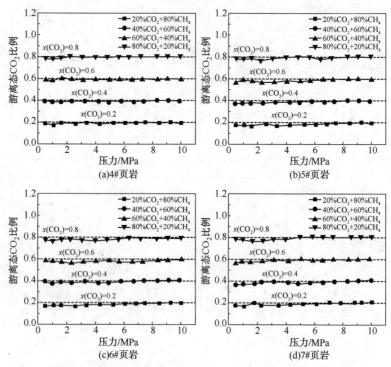

图 3-9　鄂尔多斯盆地页岩的 CH_4 和 CO_2 二元气体竞争吸附曲线(308K)

3.3　影响因素分析及讨论

3.3.1　矿物组成对单组分吸附的影响

页岩的矿物组成尤其黏土矿物是影响页岩吸附的重要因素之一[108,109]，为了研究矿物组成对 CO_2 及 CH_4 单组分吸附量的影响，这里对页岩样品的气体吸附量和矿物含量的关系进行了定量的分析，着重讨论了鄂尔多斯盆地和柴达木盆地页岩矿物组成对单组分吸附的影响机制。图 3-10 和图 3-11 分别为柴达木盆地和鄂尔多斯盆地页岩气体吸附量与矿物含量的关系图，其中，CO$_2$ 及 CH$_4$ 气体的吸附量均为温度为 308K 时的最大吸附量，由图 3-10 可以看出，柴达木盆地页岩中石英的含量与 CH$_4$ 和 CO$_2$ 的吸附量没有明显的相关性，即石英矿物对页岩的吸附影响不大。气体的吸附量随页岩黏土矿物含量的不同呈现出较大的差异，例如，在所有页岩样品中，3#页岩的黏土矿物含量最高为 75%，其气体吸附量也是最大的，从图中可以看出，气体的吸附量与页岩的黏土矿物含量之间存在线性相关的关系。如图 3-11所示，鄂尔多斯盆地页岩的石英含量与气体吸附量之间也没有明显的相关关系，7#页岩黏土矿物含量最高为 55.4%，其对 CO$_2$ 和 CH$_4$ 的吸附量也是最大的，分别达到3.95cm^3·g^{-1}和 1.45cm^3·g^{-1}，鄂尔多斯盆地页岩的黏土矿物含量依次增加，页岩对气体的吸附量也是逐渐增加，这表明二者之间也存在明显的线性相关关系。

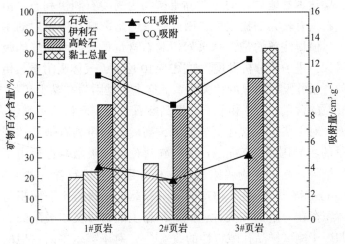

图 3-10 柴达木盆地页岩气体吸附量与矿物含量的关系（308K）

根据前人的研究成果，基于 N$_2$ 吸附测试结果，黏土矿物的

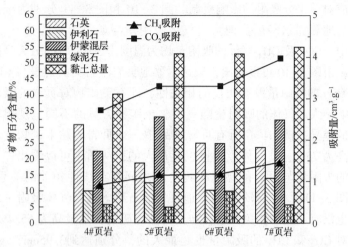

图 3-11　鄂尔多斯盆地页岩气体吸附量与矿物含量的关系(308K)

比表面积大小排序为：蒙脱石>伊利石>高岭石[110]，也有研究指出，和高岭石相比，伊利石的吸附能力更强[106]。本次研究表明，柴达木盆地页岩的主要黏土矿物为高岭石和伊利石，由于伊利石具有较大的比表面，因此它可能是影响气体吸附的主要因素。值得注意的是，3#页岩伊利石含量最低，而其气体吸附量最大，进一步分析发现，如图 3-10 所示，气体吸附量与伊利石的含量并没有明显的相关关系，这主要是因为在黏土矿物中，高岭石的含量远大于伊利石，即高岭石对比表面积的贡献较大，因而，对于柴达木盆地页岩而言，高岭石和伊利石都是控制吸附量的主导因素，Weniger 等[87]在讨论煤样吸附时也得出了类似的结果。黏土矿物吸附气体的机理还需要进行深入的研究，Venaruzzo 等[111]发现了 CO₂ 的吸附和黏土矿物的比表面积与微孔体积存在一定的相关性，此外，黏土矿物对气体吸附的影响可归因于测试样品孔隙特性的改变[81]。对于鄂尔多斯盆地的页岩来说，主要黏土矿物为伊利石和伊蒙混层，而这两种黏土矿物的吸附能力都较强，然而，从图 3-11 中可以看出，伊利石和伊蒙混层的含量与气体的吸附量均不存在明显的相关关系，例如，5#页岩的伊蒙混层含量最高，但是其气体吸附量却不是最大的，因此，通过分析认为，并不是某一种黏土矿物组分对气体的吸附起主要作用，而是几种黏土矿物共同影响气体的吸附，下面将从孔隙结构层面深入分析比表面积与微孔体积对气体吸附特性的影响。

3.3.2 孔隙结构的影响

前面分析了矿物组成对气体吸附的影响，实际上，页岩矿物组成影响气体吸附的本质为矿物微观孔隙结构特征的影响，根据前人的研究成果，孔隙尺寸和孔隙结构直接或间接影响煤和页岩对气体的吸附能力[77,82]。然而，之前页岩吸附的研究主要集中在 CH_4 的吸附量和 BET 比表面积及孔径分布的关系方面，Ji 等[81]研究指出，含黏土矿物的页岩中，BET 比表面积与吸附量存在明显的线性相关关系，即 BET 比表面积越大，气体吸附量越大。在本次研究中，如图 3-12 所示，柴达木盆地页岩的 CH_4 和 CO_2 吸附量与 BET 比表面积也呈现出一定的相关性，柴达木盆地 2#页岩的 BET 比表面积最小为 $8.4m^2 \cdot g^{-1}$，其吸附量也最小。如图 3-13 所示，鄂尔多斯盆地 7#页岩的比表面积最大为 $2.06m^2 \cdot g^{-1}$，其吸附量也最大的，鄂尔多斯盆地页岩对 CH_4 和 CO_2 的吸附量与 BET 比表面积也呈现出线性相关性。

前人针对微孔材料对气体存储能力的研究表明，物质的微孔在吸附中发挥着重要的作用[112]。已有研究表明，煤的吸附能力归因于煤的微孔结构[113]。和大孔相比，微孔能提供更多的比表面和更大的吸附能[82]，因此，它们对吸附能力有非常重要的影响。尤其是孔径小于 1nm 的孔隙分布，之前的理论和实验研究表明，由于增加了多重孔隙壁面的吸引力，孔径小于 1nm 的孔隙在吸附过程中发挥着重要的作用[114]。文献中报道的通过理论优化得到的最佳孔隙尺寸范围为 $0.6 \sim 0.9nm$[115]。同样，在本

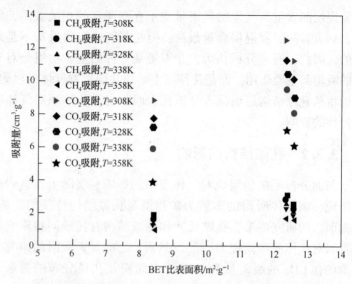

图3-12　柴达木盆地页岩BET比表面积对气体吸附的影响(308K)

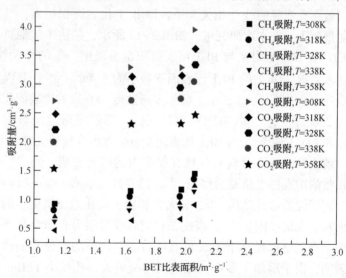

图3-13　鄂尔多斯盆地页岩BET比表面积对气体吸附的影响(308K)

次研究中，柴达木盆地的1#和3#页岩微孔体积较大，其气体吸附能力较强，图3-14为柴达木盆地页岩样品的气体吸附量与微孔体积的关系图，从图中可以看出，随着微孔体积的增加，气体吸附量逐渐增加，这说明页岩的微孔越多，CO_2 和 CH_4 与页岩的亲和力就越强。如图3-15所示，鄂尔多斯盆地页岩的微孔体积和气体吸附量也存在明显的相关关系，页岩的微孔体积越大，气体的吸附能力越强，例如，7#页岩的微孔体积最大为 $1.03mm^3 \cdot g^{-1}$，其吸附量也是最大的。从整体上看，鄂尔多斯盆地页岩的BET比表面积和微孔体积均小于柴达木盆地，这可能是决定两个区块页岩对气体吸附能力差异性的重要因素。如前所述，在单组分气体吸附中，柴达木盆地和鄂尔多斯盆地的页岩样品均表现出 CO_2 吸附能力较强的特性，更进一步分析发现，CO_2 的气体分子尺寸相对于 CH_4 较小，因而，这促使 CO_2 分子更容易进入微小的孔隙，从而使得 CO_2 的吸附优势大于

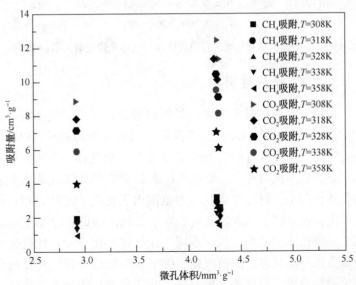

图3-14 柴达木盆地页岩微孔体积与气体吸附量的关系(308K)

CH_4，由此可以推断，页岩中黏土矿物和有机质所包含的微孔对于确定 CO_2 和 CH_4 吸附量的差异性是至关重要的。

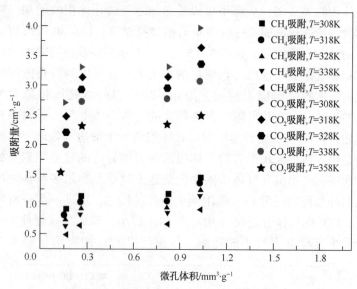

图3-15　鄂尔多斯盆地页岩微孔体积与气体吸附量的关系(308K)

3.3.3　选择性吸附

根据二元气体吸附测试结果可以看出，在二元气体吸附过程中，不同页岩的 CO_2 优先吸附特性具有明显的差异，CO_2 的优先吸附现象在具有较大 BET 比表面积或微孔体积的页岩中较为明显，在本次研究中，柴达木盆地 2#页岩的 BET 比表面积和微孔体积较小，同时在实验压力范围内表现出了较差的 CO_2 优先吸附特性。鄂尔多斯盆地页岩亦是如此，4#页岩的 BET 比表面积和微孔体积最小，其在不同二元气体配比下 CO_2 的优先吸附现象也最不明显。如前所述，鄂尔多斯盆地页岩对 CO_2 的优先吸附特性弱于柴达木盆地页岩，这主要是因为两个区块页岩的微孔结构具有明显的差异，因此可以说，页岩优先吸附 CO_2

的特性与页岩的 BET 比表面积或微孔体积密切相关，但目前还没有相关文献报道去揭示 CO_2 的优先吸附特性与 BET 比表面积或微孔体积的关系，本次实验研究表明，微孔结构对页岩优先吸附 CO_2 的特性有重要的影响。

通过查阅文献发现，页岩对二元气体的吸附还未见报道，而有关煤样吸附二元气体的实验已有大量报道，例如，在压力小于 6MPa、温度为 30.2℃ 的条件下，针对澳大利亚悉尼盆地的煤样进行了 CO_2 和 CH_4 二元气体吸附实验，通过比较吸附前后混合气体中各组分的变化发现了 CH_4 的优先吸附特性[107]。在低压条件下，Busch 等[107]也报道了类似的煤对 CH_4 的优先吸附现象。然而，在本次研究中，低压条件下没有发现 CH_4 的优先吸附现象，在整个实验压力范围内，鄂尔多斯盆地和柴达木盆地所有页岩样品均表现出了对 CO_2 的优先吸附特性，在煤样对二元气体的吸附文献中这种现象也有报道[107]。事实上，针对一个具体的吸附位，CO_2 和 CH_4 的竞争吸附过程相当复杂[116]，因此，CO_2 和 CH_4 的竞争吸附机理还需要深入研究。

3.3.4 吸附热力学

正如 3.1.5 中的介绍，本章主要通过分析 CH_4 和 CO_2 的吸附热力学揭示 CO_2 和 CH_4 的竞争吸附机理，等量吸附热的计算方法在 3.1.5 中已经给出，本次研究根据页岩样品在 308K、318K、328K 下的等温吸附实验结果，利用 DA 方程把吸附等温线转换成等量吸附线，然后再分别设定气体吸附量为 $0.5cm^3 \cdot g^{-1}$、$1.0cm^3 \cdot g^{-1}$、$1.5cm^3 \cdot g^{-1}$ 和 $2.0cm^3 \cdot g^{-1}$，求得等量吸附量条件下 CO_2 和 CH_4 的 p-T 关系的等量吸附线，研究表明，柴达木盆地和鄂尔多斯盆地所有页岩样品拟合得到的 CO_2 和 CH_4 的等量吸附线均为四条直线，最后再将 CO_2 和 CH_4 的等量吸附线进行换算，转化为 $1/T$ 和 $\ln p$ 的线性关系，如图 3-16 所示，经过转换后的拟合的 CH_4 和 CO_2 的等量吸附线也为四条直线，具体的直线拟合参数在图中已经给出。

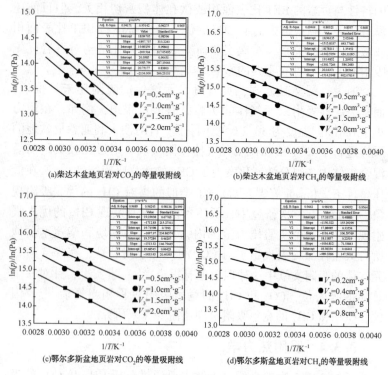

图 3-16　经转换后的页岩对 CO_2 和 CH_4 的等量吸附线

图 3-17 为柴达木盆地页岩的气体等量吸附热与吸附量的变化关系，从图中可以看出，不同页岩样品在吸附 CO_2 和 CH_4 过程中，其等量吸附热是不同的，柴达木盆地 3#页岩的 CO_2 等量吸附热明显大于其他两个页岩样品，这与前面单组分气体吸附实验结果相符合，此外，从整体上来看，CO_2 和 CH_4 的等量吸附热存在较大的差异，在不同的气体吸附量条件下，CO_2 的等量吸附热大于 CH_4 的等量吸附热，这表明在 CO_2 和 CH_4 的竞争吸附中，CO_2 的吸附能较大，从热力学角度证明了 CO_2 在竞争吸附中处于优势，揭示了 CO_2 的优先吸附机理。从图中还可以看出，随着吸附量的增加，等量吸附热是不断变化的，且 CO_2

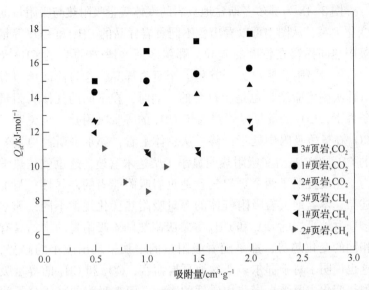

图 3-17　柴达木盆地页岩的气体等量吸附热与吸附量的变化关系

和 CH_4 的变化趋势相反，对于 CO_2 而言，等量吸附热是随着吸附量的增加而增加的，然而，CH_4 的等量吸附热则随着吸附量的增加呈现 U 型分布，这种现象可能与呈现各向异性的页岩表面的非均质性以及被吸附的气体分子之间的相互作用有关。等量吸附热随吸附量呈非水平变化的原因有两个方面：其一，页岩自身是一种非均质的吸附剂，其表面呈现出各相异性，一般认为这种情况将造成吸附热随吸附量的增加而降低；其二，被吸附的气体分子间存在相互作用力，并且随着吸附量或页岩表面覆盖度的增加，气体分子之间的作用力逐渐增强，这种情况导致吸附热的增加。这两种因素对吸附热的贡献相反，因此，气体等量吸附热受上述两种因素的共同作用，其随吸附量的变化是一个复杂的过程[117]。从 CO_2 的等量吸附热变化趋势可以推断，柴达木盆地页岩在整个的气体吸附过程中，被吸附的 CO_2 分子间的相互作用力显著增强，控制着等量吸附热的变化。

图 3-18 为鄂尔多斯盆地页岩的气体等量吸附热与吸附量的变化关系，从图中可以看出，不同页岩样品的 CH_4 和 CO_2 等量吸附热同样存在较大的差异，鄂尔多斯盆地 7#页岩的 CH_4 及 CO_2 等量吸附热明显大于其他三个页岩样品，这与前面单组分气体吸附实验结果也是相符合的，同时，在不同的气体吸附量条件下，CO_2 的等量吸附热大于 CH_4 的等量吸附热，也说明了 CO_2 在竞争吸附中处于优势。从总体上看，鄂尔多斯盆地页岩的 CH_4 及 CO_2 等量吸附热明显小于柴达木盆地，这也就从热力学角度证明了两个页岩气盆地页岩吸附能力的差异性。与上述柴达木盆地页岩吸附气体的等量吸附热变化规律不同，鄂尔多斯盆地页岩的 CO_2 和 CH_4 等量吸附热随着吸附量的增加具有相同的变化趋势，都是随着吸附量的增加呈现出减小的趋势，这也说明了对于鄂尔多斯盆地页岩而言，CO_2 和 CH_4 的等量吸附热变化主要受页岩非均质性的影响，而被吸附的气体分子间的相互作用影响则处于劣势。

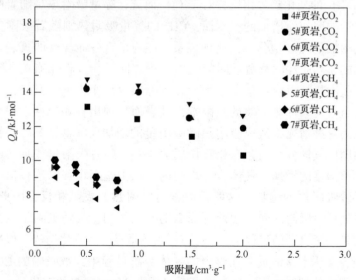

图 3-18　鄂尔多斯盆地页岩的气体等量吸附热与吸附量的变化关系

4 改良的 CO_2 干法压裂液性能评价

如第一章绪论中所述，CO_2 干法压裂是一种以纯液态 CO_2 作为携砂液进行压裂施工的工艺技术，液态 CO_2 压裂施工时，CO_2 保持液态(或超临界态)，施工结束后，CO_2 变成气态从储层快速排出，无残留，对储层完全无伤害，然而，干法压裂也存在一些问题，由于 CO_2 黏度低，因而其携砂能力差、液体容易滤失、泵注压力高。如果干法压裂液的黏度能得到提高，将大大促进我国页岩气藏的有效开发。因此，如何提高干法压裂中压裂液的黏度而又保持干法压裂的无伤害特性成为页岩气藏干法压裂技术研究中的重点问题，同时，高温高压条件下压裂液的流变、摩阻、携砂等特性也是干法压裂设计的关键，因为 CO_2 干法压裂模拟中涉及 CO_2 干法压裂液的流变参数、摩阻系数、支撑剂颗粒的沉降速度、滤失系数等，本章在筛选增黏剂的基础上，着重通过室内管流实验、岩心流动实验等研究高温高压下改良的 CO_2 干法压裂液的流变、摩阻等特性，这对更好地认识和评价 CO_2 增黏剂的增黏特性具有重要意义，同时也为页岩气藏的 CO_2 干法压裂模拟奠定了基础。

4.1 改良的 CO_2 干法压裂液流变特性研究

4.1.1 实验系统及原理

1) 流变实验系统

本实验系统专门针对实际工程运用中压裂液的流变特性评价而设计，可用于模拟各种压裂液在不同工况下的管内流动状

79

况，从而评价其流变特性，同时能够满足实验中所要求的高温高压条件。流变实验系统实物图和系统总图如图 4-1 和图 4-2 所示，进行改良的 CO$_2$ 干法压裂液体系的流变与摩阻实验时，系统的主体流程为：被液化了的 CO$_2$ 经 CO$_2$ 柱塞泵加压后和来自加药泵的添加剂进行混合，然后进入到系统的电加热段进行升温。系统的电加热段可以将压裂液加热到所需的温度。采用保温材料将测试段良好保温，并调节电加热的功率，同时通过数据采集系统对测试段的温度进行实时的监测，可以在不同的实验条件下使测试段温度维持某一恒定值。其后，压裂液进入水平流变特性测试段进行流变特性的测量。特定试验长度上的摩擦压降通过 EJA 差压变送器进行实时采集，并送入计算机显示和存储。系统的压力由背压阀控制。实验工况如表 4-1 所示。

表 4-1　实验工况范围

实验参数	温度/℃	压力/MPa	剪切速率/s^{-1}
实验系统	室温~300	0.5~50	80~17700
本次实验	0~100	10~30	200~1000

图 4-1　高参数压裂液性能评价实验系统实物图

80

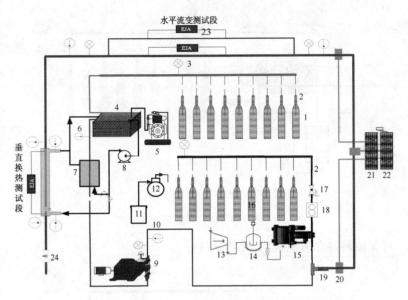

图 4-2 高参数压裂液性能评价实验系统流程图

1—CO$_2$ 气瓶；2—高压针阀；3—压力表；4—盐水池；5—制冷机；6—热电偶；7—过冷液罐；8—水泵；9—CO$_2$ 柱塞泵；10—止回阀；11—添加剂；12—加药泵；13—空压机；14—缓冲罐；15—气举泵；16—氮气瓶；17—减压阀；18—流量计；19—三通；20—紫铜电极；21—变压器；22—调压器；23—压差变送器；24—背压阀

2）流变试验流程

（1）CO$_2$ 泵输过程

气瓶里的 CO$_2$ 经盐水池冷却成液体后，再经过冷罐进行气液分离，之后进入柱塞泵加压送入系统。CO$_2$ 流量可以通过变频器控制的智能流量计进行设定（图 4-3）。

（2）添加剂的输入与混合过程

对于改良的 CO$_2$ 干法压裂液体系，先打开柱塞泵泵出液态 CO$_2$，并调整到合适的压力和流量，待运行平稳后，启动加药泵将添加剂加入液态 CO$_2$ 中，并调整到合适流量，液态 CO$_2$ 与添加剂在三通处混合进入加热系统，并且三通处装有泡沫发生器

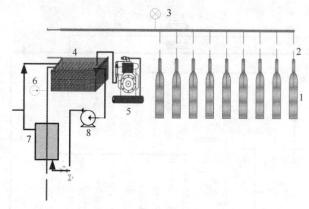

图 4-3　CO$_2$ 泵输系统

可保证两种介质混合均匀(图 4-4)。

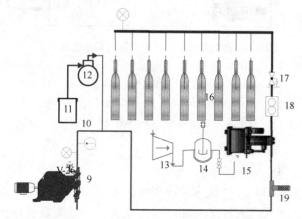

图 4-4　添加剂与 CO$_2$ 的混输系统

(3) 电加热过程

电加热系统主要由变压器、调压器、保温材料、紫铜电极、热电偶等组成。通过调压器的手轮可以非常方便地对电加热功率进行调节,从而使流体达到所需的温度,通过热电偶与数据采集系统对流体及管壁的温度进行实时的测量和监控(图 4-5)。

（4）水平流变测试段

被加热到实验温度的压裂液随后进入流变实验段进行压差测试。如图4-6所示，水平流变实验段由内径分别为4mm、6mm和8mm三段不锈钢管组成，以便于适应不同的剪切速率条件下管内压差的测量。并且采用独立的阀门分别对它们进行控制，管道的外表面包裹着保温材料，以保证在任一工况条件下实验管路中流体的温度尽量均匀

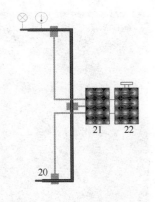

图4-5　电加热系统

与恒定。实验段流体定性温度用对称布置在其两侧的两个铠装热电偶的平均值来确定。特定测试长度（1m）上的压降则通过日本横河公司的EJA压差变送器和IMP数采系统来进行实时的显示和采集。

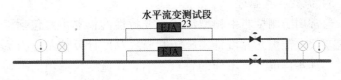

图4-6　水平测试段

（5）数据采集系统

本实验系统中采用的是英国强力仪器公司生产的IMP数据采集板，整个采集程序是由本实验室自主编程开发而完成（如图4-7所示）。实验中主要采集的数据包括各测试段流体的温度及压差。计算机数据采用的是集中监测、集中显示、集中管理及数据集中保存的一套系统，每测完一组数据即可统一保存为所需格式以作后期处理。实验中主要用到的传感器有：K型简装热电偶、K型铠装热电偶、EJA差压变送器、Rosemount压力传感器。

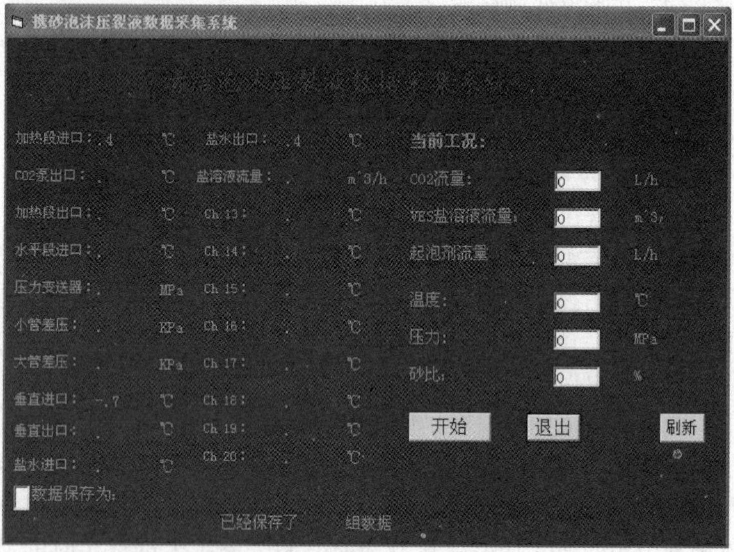

图 4-7　压裂液数据采集系统

3) 流变实验原理

通常用于测量非牛顿型流体流变特性的仪器主要包括细管式流变仪、锥板式黏度计、旋转圆筒式黏度计及控制应力流变仪等，其各自也具有不同的特点。细管式流变仪适用的剪切速率范围较广，特别适用于高剪切速率范围，并且能在升温或升压的同时进行测量。由于本章研究的是模拟实际压裂作业时的高温、高压、高剪切速率条件下改良的 CO_2 干法压裂液的流变特性，因此实验系统中采用了细管式流变仪的原理，通过测量水平管内流体的压降和流量来获得剪切应力与剪切速率之间的关系，以此确定流体的流变特性。

假定流体在细管内进行均匀、恒定的粘性层流运动，且沿细管管壁无滑移。则水平圆管中黏性流体层流的基本方程为：

$$\overline{U} = \frac{D}{2\tau_{\rm w}^3} \int_0^{\tau_{\rm w}} f(\tau)\, \tau^2 \mathrm{d}\tau \tag{4-1}$$

式中　$\overline{U}$——流体在管内的平均流速，m·s^{-1}；

　　　D——管道内径，m；

　　　τ_w——壁面切应力，Pa。

将式(4-1)变形可得：

$$\frac{1}{4}\frac{8\overline{U}}{D}\tau_w^3 = \int_0^{\tau_w} f(\tau)\tau^2 d\tau \qquad (4-2)$$

式(4-2)就是管式流变仪的基本公式。实验时根据流体本构方程得出管壁剪切应力与剪切速率之间的关系式，并测量确定管内流体在不同流速下所对应的压降，代入关系式即可得到不同条件下流体的流变参数。

不同类型的压裂液的流变特性各不相同，而改良的CO$_2$干法压裂液在实际的剪切速率范围内表现为非牛顿流体，可采用幂律模型、宾汉模型、H-B模型等描述其本构方程。虽然相比于其他模型，H-B模型对流体更具有描述性，但其模型常数较难得到，因而在实际压裂设计中多采用幂律模型描述压裂液的本构方程。同时相比其他因素的不确定性，例如流体热及形变历史、稳定情况、流体制备等，使用幂律模型描述流体本构方程所带来的误差不算很大。因此，对于改良的CO$_2$干法压裂液的流变特性，本书也采用幂律模型进行研究。

对于幂律流体其本构方程为：

$$f(\tau) = \left(\frac{\tau}{k}\right)^{\frac{1}{n}} \qquad (4-3)$$

式中　n——流动指数；

　　　k——稠度系数，Pa·s^n。

将式(4-3)代入管式流变仪的基本公式(4-2)得：

$$\frac{1}{4}\frac{8\overline{U}}{D}\tau_w^3 = \int_0^{\tau_w}\left(\frac{\tau}{k}\right)^{\frac{1}{n}}\tau^2 d\tau \qquad (4-4)$$

积分上式可得：

$$\tau_w = k\left(\frac{8\overline{U}}{D}\right)^n\left(\frac{3n+1}{4n}\right)^n \qquad (4-5)$$

上式两边取对数：

$$\lg\tau_w = \lg k\left(\frac{3n+1}{4n}\right)^n + n\lg\left(\frac{8\overline{U}}{D}\right) \qquad (4-6)$$

其中壁面切应力 τ_w 和平均流速 $\overline{U}$ 分别为：

$$\tau_w = \frac{\Delta pD}{4L} \qquad (4-7)$$

$$\overline{U} = \frac{4Q}{\pi D^2} \qquad (4-8)$$

通过实验测得管内压降 Δp、流量 Q 后，可将式（4-8）和式（4-7）代入式（4-6）整理成 $\lg(\Delta pD/4L) \sim \lg(8\overline{U}/D)$ 的关系曲线，如图4-8所示，由直线斜率 $\text{tg}\theta$ 和截距 B 即可确定幂律流体的流变特性参数 n 和 k，具体可由式（4-9）和式（4-10）确定。流体有效黏度的计算见附录-13。

$$n = \text{tg}\theta \qquad (4-9)$$

$$k = B/\left(\frac{3n+1}{4n}\right)^n \qquad (4-10)$$

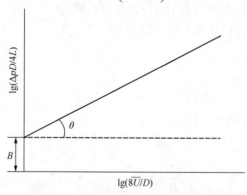

图4-8　幂律流体流动曲线（对数坐标）

4.1.2 实验结果及分析

1）CO₂干法压裂液的改良

基于前期对 CO_2 增黏剂的调研，选择十二羟基硬脂酸（HAS）、聚二甲基硅氧烷（PDMS）、氟化钴离子表面活性剂以及聚氟化丙烯酸酯（polyFAST）四种增黏剂进行初步的 CO_2 增黏实验研究，增黏实验采用高参数压裂液性能评价实验系统，测试压力为 20MPa，剪切速率为 $393s^{-1}$，实验测试结果如图 4-9 所示，从图中可以看出，在四种增黏剂中，氟化钴离子表面活性剂的增黏效果最好，十二羟基硬脂酸次之，聚氟化丙烯酸酯对 CO_2 的增黏效果最差，这里还将测试结果与同等条件下清洁压裂液和羟丙基胍胶的有效黏度进行了对比，可以看出，"CO_2+表面活性剂"体系的有效黏度大于清洁压裂液的有效黏度，因此，最终确定采用氟化钴离子表面活性剂作为 CO_2 的增黏剂，从而

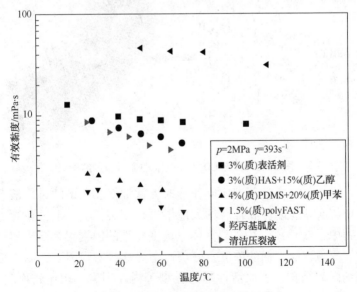

图 4-9 不同 CO_2 增黏剂的增黏效果对比

实现对干法压裂液的改良。值得注意的是，氟化钴离子表面活性剂是具有两亲结构的表面活性剂，它带有一个头基和两个双尾基，头基是金属离子 Co^{2+} 构成的亲水基团，而尾基是氟化的亲 CO_2 基团，如图 4-10 所示，"CO_2+表面活性剂"体系中交联形成的棒状或蠕虫状胶束的亲水基团被水分子吸引，同时亲 CO_2 基团受到 CO_2 分子的吸引，导致分子间的相互作用力增加，CO_2 黏度增加。整个体系的黏度变化主要来源于表面活性剂胶束空间结构的变化及 CO_2 液滴的形变，下面着重研究不同条件下"CO_2+增黏剂"改良的 CO_2 干法压裂液的流变特性。

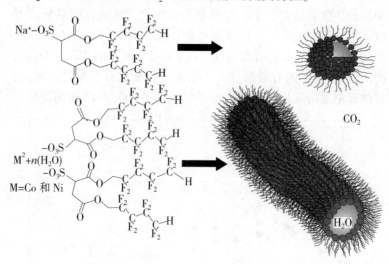

图 4-10　液态 CO_2 中表面活性剂胶束的结构

由于 CO_2 干法压裂实际作业时，常常将高压下的过冷液态 CO_2 与增黏剂进行混合后注入地层进行压裂，实际上，在管流过程中影响 CO_2 干法压裂液体系流变特性的因素很多，诸如温度、压力、增黏剂的浓度、剪切速率等这些宏观因素，以及增黏剂微观结构、表面活性剂的类型等内在因素，相比较而言，在实际工程应用的过程中压裂液宏观因素的影响更能决定压裂液的性质，因此，在本书的研究中着重考虑了温度、压力、剪切速率、增黏剂浓度这几个因素对改良的 CO_2 干法压裂液流变特性的影响规律。同时为了表征改良的 CO_2 干法压裂液的流变特性，本书采用了不会因压裂液的制备、热稳定性以及剪切形变等不确定性影响而产生较大误差的幂律模型。

改良的 CO_2 干法压裂液体系的有效黏度相对较小，为了使管内流态更好的满足层流条件，压裂液流变实验采用 8mm 的管径进行测试。本次研究主要测试了 10~30MPa 条件下改良的 CO_2 干法压裂液体系的有效黏度随各因素的变化，温度变化范围为 0~100℃。为了表征表面活性剂类增黏剂的增黏效果，这里将改良的 CO_2 干法压裂液体系的黏度和纯 CO_2 的黏度进行了对比，并定义了增黏倍数，增黏倍数为同工况下改良的 CO_2 干法压裂液的黏度与纯 CO_2 的黏度的比值。通过实验研究发现，在实验条件下，改良的 CO_2 干法压裂液体系的有效黏度值在 7.65~20.01MPa·s 之间，改良的 CO_2 干法压裂液体系的有效黏度大约为相同工况下纯 CO_2 的 86~218 倍，由此可见，表面活性剂类增黏剂表现出了较好的 CO_2 增黏效果，下面具体分析各因素对改良的 CO_2 干法压裂液体系有效黏度的影响机制。

2）剪切速率的影响

图 4-11 是压力为 20MPa，温度为 15℃时的改良 CO_2 干法压裂液的有效黏度随剪切速率的变化规律曲线，从图中可以看出，不同增黏剂浓度下改良的 CO_2 干法压裂液的有效黏度随着剪切速率的增大而呈指数规律降低，这充分说明了改良的 CO_2 干法压裂液是一种典型的剪切稀化非牛顿流体，而且在剪切速率低于 $500s^{-1}$ 时的变化趋势明显要比剪切速率高于 $500s^{-1}$ 时的变化趋势剧烈，在实验温度和压力条件下，改良的 CO_2 干法压裂液中的 CO_2 是以液态形式存在的，Chen 等[118]研究表明，CO_2 的物性与有机溶剂的性质类似，如图 4-10 所示，改良的 CO_2 干法压裂液中交联形成的棒状或蠕虫状胶束的亲水基团被水分子吸引，

同时亲 CO_2 基团受到 CO_2 分子的吸引，导致分子间的相互作用力增加，CO_2 黏度增加。整个体系的黏度变化主要来源于表面活性剂胶束空间结构的变化及 CO_2 液滴的形变[27]。考虑到液态的 CO_2 流体的性质更近似于牛顿流体性质，即 CO_2 作为压裂液体系的外相是可以忽略其黏度特性受剪切作用影响的，所以对于实验条件下压裂液体系的剪切稀化特性，主要是源于剪切作用对表面活性剂胶束空间结构的破坏，使得空间网状结构逐渐拆散成为单一胶束或增大胶束筛孔体积密度，并且胶束的流向在剪切作用下由之前的空间均向性而逐渐趋于一致，从而降低了流动阻力，流体黏度随之减小。

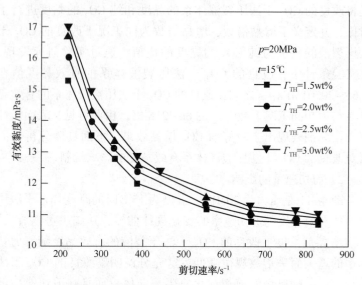

图4-11　有效黏度随剪切速率的变化规律曲线

3）增黏剂浓度的影响

增黏剂的浓度在一定程度上影响 CO_2 的增黏效果[18]，因此，在本次研究中，也分析了增黏剂浓度对 CO_2 增黏特性的影响，图4-12是压力为20MPa，温度为15℃时改良的 CO_2 干法压裂液的有效黏度随增黏剂浓度的变化规律曲线。从图中可以看出，实验条件下改良的 CO$_2$ 干法压裂液的有效黏度随着增黏剂浓度的增大而逐渐增加，但是增加幅度较小，例如，在剪切速率为 387s^{-1} 时，压裂液体系的黏度仅由 12.0MPa·s 增加到 12.6MPa·s，增加幅度仅为 5%。由于增黏剂浓度的增加使表面活性剂分子之间形成的网状结构更加致密，这种网状结构之间的作用力增强，破坏这种结构所需的外力增加[18]，因此，随着增黏剂浓度的增加，压裂液体系的有效黏度也有一定程度的增加。在实验条件下，CO$_2$ 在该体系中是以近似于牛顿流体的液态形式存在，由于液态 CO$_2$ 体积份额较大(97%~98.5%)，此时的流体结构为液态 CO$_2$ 作为连续相包裹着表面活性剂[28]，其黏度变化主要是通过影响表面活性剂的流变特性而产生的，而最终压裂液体系的黏度大小主要受到外相 CO$_2$ 黏度的控制，因而其有效黏度变化幅度不大。

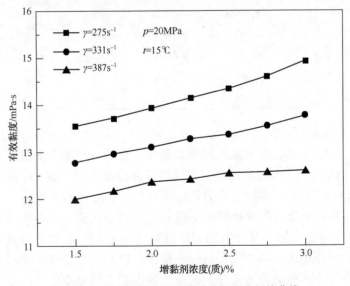

图 4-12　有效黏度随增黏剂浓度的变化规律曲线

表 4-2 是温度为 15℃，压力分别为 10MPa 和 20MPa 时改良的 CO$_2$ 干法压裂液的流动指数及稠度系数随增黏剂浓度的变化。从表中可以看出，流动指数随着增黏剂浓度的增大逐渐减小，而稠度系数随之增大。在实验条件下，流动指数的变化范围为：0.363~0.442；稠度系数的变化范围为：0.277~0.461。流动指数是用于描述流体非牛顿性质的参数，可以看出，改良的 CO$_2$ 干法压裂液体系的流动指数 n 小于 1，说明流体为剪切稀化性非牛顿流体，并且随着增黏剂浓度的增大，n 值越偏离 1，说明随着增黏剂浓度的增大，改良的 CO$_2$ 干法压裂液的流体非牛顿特性增强，这也正是因为增黏剂浓度的增加使表面活性剂分子之间形成的网状结构更加致密，这种网状结构之间的作用力增强，因此，其份额的增大使得整个体系的非牛顿性质增强。

表 4-2　不同增黏剂浓度下的流变参数表(t = 15℃)

增黏剂浓度 (质)/%	n		k	
	p = 10MPa	p = 20MPa	p = 10MPa	p = 20MPa
1.5	0.442	0.440	0.277	0.329
2.0	0.427	0.415	0.301	0.356
2.5	0.407	0.391	0.325	0.414
3.0	0.385	0.363	0.408	0.461

4）温度的影响

如前所述，在实际的压裂作业中，常常将高压下的过冷液态 CO$_2$ 与增黏剂进行混合后由油管注入地层进行压裂，随着压裂液进入地层，温度逐渐升高，高压 CO$_2$ 由过冷液态完全转变为超临界状态，而两种状态下的 CO$_2$ 在混合液中所起的作用也完全不同，因此，本书在研究温度对"CO$_2$+增黏剂"体系有效黏度的影响时分为两个过程进行分析，并把 CO$_2$ 处于液态和超临界状态下的压裂液体系分别定义为液态和超临界条件下的压裂液体系。

首先讨论温度对液态体系有效黏度受的影响，图 4-13 是压力为 20MPa，增黏剂浓度为 3%(质)时体系有效黏度随温度的变化规律曲线，其中，温度范围为 0~100℃，剪切速率分别为 $393s^{-1}$、$446s^{-1}$ 和 $663s^{-1}$。从图中可以看出，液态体系的有效黏度随着温度的增加而减小，且呈指数规律递减的趋势。造成这一现象的主要原因是温度对表面活性剂流变特性的影响，液态体系的有效黏度与蠕虫状的胶束缠绕所形成的空间网状结构的韧性和胶束长度、数量等密切相关[119]。温度是影响蠕虫状胶束生长的主要因素之一，根据 Harris[25] 的研究，温度对表面活性剂的影响完全符合 Arrhenius 关系式，即温度和黏度之间满足关系式：$\mu = A_v \exp(E_f / R_g T)$，温度的升高增加了表面活剂分子的运动活性，随之加速表面活性剂胶束网状结构的破坏及胶束的断裂，使得表面活性剂溶液的活化能减小，综合表现出液态体系有效黏度的降低，即液态体系的黏温特性主要来源于温度对表

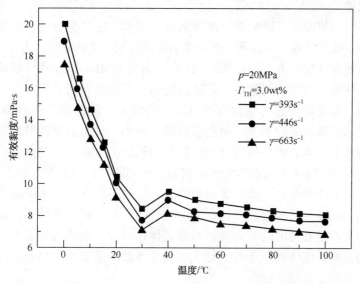

图 4-13 有效黏度随温度的变化规律曲线

面活性剂黏度特性的影响。

如图 4-13 所示,当温度达到临界温度 31.2℃后,超临界条件下压裂液体系的有效黏度出现了一定程度的增大,然后,随着温度的增加超临界体系的有效黏度逐渐减小,变化幅度较小,最后趋于稳定值。出现这一现象的原因是温度高于临界温度后,CO$_2$ 发生相变,由液态转变为超临界状态,整个体系的黏度作用机理发生突变。由图中可以看出,混合体系的相变区温度范围在 30~40℃ 之间,要稍微高于临界温度,这主要是因为 CO$_2$ 的相变是个渐进的过程,温度稍高于临界温度后,一方面 CO$_2$ 会因相变而引起的胶束结构的变化,使得分子间的相互作用增强,这对于体系黏度的增加具有一定的积极作用,另一方面温度的升高会降低体系的活化能,使得体系的黏度随温度的增大而减小,因此综合两方面的影响表现为在 40℃ 之前前者的影响占主导地位,继续升高温度时后者的影响就开始占据了主导地位。

与前面温度影响有效黏度的分析类似,这里也分液态体系和超临界体系两个过程分析温度对体系流变参数的影响,表 4-3 是增黏剂浓度为 3.0%(质),压力分别为 10MPa 和 20MPa 时液态体系流动指数及稠度系数随温度的变化曲线。从表中可以看出,温度对液态体系的流变参数影响较大,随着温度的升高,流体的流动指数增大,稠度系数随之减小,说明温度的升高使得液态体系的非牛顿性减弱,从作用机理上来看,这与前面温度对液态体系有效黏度的影响机制是相同的。在超临界条件下,随着温度的升高,体系流动指数的变化范围在 0.417~0.492 之间,稠度系数变化范围在 0.180~0.283 之间,超临界体系的流变参数随着温度的变化规律与液态体系一致,表现为随着温度的升高,流体的流动指数增大,稠度系数随之减小,但是流变参数的变化幅度较小。

表 4-3　不同温度下的流变参数[$\Gamma_{TH}=3.0\%$(质)]

$t/℃$	n		k	
	$p=10MPa$	$p=20MPa$	$p=10MPa$	$p=20MPa$
0	0.225	0.202	0.619	0.658
15	0.385	0.363	0.408	0.461
20	0.446	0.426	0.352	0.364
30	0.463	0.453	0.259	0.273
40	0.436	0.417	0.278	0.283
50	0.459	0.439	0.246	0.256
60	0.477	0.468	0.195	0.204
80	0.492	0.480	0.180	0.186

5) 压力的影响

实验测试了 10MPa、20MPa 和 30MPa 条件下改良的 CO_2 干法压裂液体系的有效黏度随剪切速率的变化。图 4-14 是增黏剂浓度为 1.5%(质)，温度为 15℃时不同压力下改良的 CO_2 干法压裂液体系的黏度曲线，从不同曲线对应点的黏度变化来看，压力的增大对体系黏度的影响较小，有效黏度只有较小幅度的增大，尤其当剪切速率小于 300s⁻¹ 时，黏度几乎没有发生变化。压力升高引起黏度的增加主要有两个方面的原因：一是由于压力对增黏剂在 CO_2 中的溶解性的影响，压力越高，增黏剂在 CO_2 中的溶解性越强，因此，压力的增加可在一定程度上改善增黏效果[9]，同时，增压会使整个体系的结构变的更加致密，分子间距变小，使黏度出现一定程度的增大；二是压力对表面活性剂内部胶束空间结构的影响。王凯[120]等学者的研究表明，压力可以有效地改变表面活性剂分子间的相互作用，使得胶束结构及胶束形态发生转变，可以引起胶束体系的相变，提高胶束结构的稳定性，表现出压力的增大对表面活性剂空间网状结构的加强，减缓了剪切作用对网状结构的破坏作用，使得体系的黏度出现一定程度的增大。

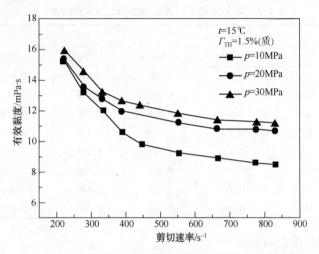

图4-14　不同压力下有效黏度随剪切速率变化规律曲线

　　如表4-4所示，压力对流变参数的影响较小，随着压力的增大，流体的流动指数变化较小，在压力为20MPa时出现了较小幅度的减小，稠度系数随着压力的增加，出现了较小幅度的增加，即压力的增加使得干法压裂液体系的非牛顿特性略微增强，从作用机理上来看，跟前面压力对改良的CO_2干法压裂液体系有效黏度的影响机制是一样的。这说明压力对于体系流变性质的影响较小，同时从体系黏度特性随压力的变化规律来看，压力的影响也较小。

表4-4　不同压力下的流变参数[Γ_{TH}=3.0%(质)，t=15℃]

p/MPa	n	k
10	0.385	0.408
15	0.380	0.412
20	0.363	0.461
25	0.359	0.475
30	0.352	0.487

6) 影响因素敏感性的分析

敏感性分析是一种系统分析中分析系统稳定性的方法。假设某一系统，其系统的特性 P 主要由 n 个因素 $a = \{a_1, a_2, \cdots, a_n\}$ 所决定，$P = f(a_1, a_2, \cdots, a_n)$ 在某一基准的状态 $a^* = \{a_1^*, a_2^*, \cdots, a_n^*\}$ 下，系统的特性为 P^*。分别使各因素在其自身的可能范围内变化，分析这些因素的变动引起的系统特性 P 偏离基准状态 P^* 的趋势和程度，这种分析的方法就称之为敏感性分析。

这里首先对无量纲形式的敏感度函数和敏感度因子进行定义。即将系统特性 P 的相对误差 $\delta_P = |\Delta P|/P$ 与参数 a_k 的相对误差 $\delta_{a_k} = |\Delta a_k|/a_k$ 的比值定义为参数 a_k 的敏感度函数 $S_k(a_k)$，其表达式为：

$$S_k(a_k) \triangleq \left(\frac{|\Delta P|}{P}\right) \bigg/ \left(\frac{|\Delta a_k|}{a_k}\right) = \left|\frac{\Delta P}{\Delta a_k}\right| \frac{a_k}{P} \qquad k = 1, 2, \cdots, n$$

$$(4-11)$$

在 $|\Delta a_k|/a_k$ 较小时，$S_k(a_k)$ 可近似地表示为：

$$S_k(a_k) = \left|\frac{\mathrm{d}\varphi_k(a_k)}{\mathrm{d}a_k}\right| \frac{a_k}{P} \qquad k = 1, 2, \cdots, n \qquad (4-12)$$

由式（4-12）可绘出 a_k 的敏感函数曲线 $S_k - a_k$。取 $a_k = a_k^*$，就可以得到参数 a_k 的敏感度因子 S_k^* 为：

$$S_k^* = S_k(a_k^*) = \left|\left(\frac{\mathrm{d}\varphi_k(a_k)}{\mathrm{d}a_k}\right)_{a_k = a_k^*}\right| \frac{a_k^*}{P^*} \qquad k = 1, 2, \cdots, n$$

$$(4-13)$$

S_k^* 是一组无量纲的非负实数。S_k^* 值越大，说明在基准状态下，P 对 a_k 越敏感。从而通过比较 S_k^*，就可以实现对系统特性对各因素的敏感性的评价。

为了进一步考察改良的 CO_2 干法压裂液流变特性对各因素的敏感行为，应用上述的敏感性分析方法，对影响压裂液流变特性的各主要因素进行了分析，并对各因素之间的敏感程度进行了比较。系统特性，即改良的 CO_2 干法压裂液的流变特性，用体系的有效黏度来表征，进行敏感性分析的参数主要包括剪切速率、压力、增黏剂浓度以及温度。观察流变曲线的形态，采用曲线拟合的方法，建立有效黏度与剪切速率、温度等参数的函数关系，从而得到敏感度函数，然后计算敏感度因子。最终得到了各参数敏感度值(表4-5)，按大小排序，依次为剪切速率、温度、压力、增黏剂浓度，可以看出，在众因素中，温度和剪切速率的影响最大。

表4-5　影响因素敏感度因子

影响因素	剪切速率	压力	增黏剂浓度	温度
敏感度因子	0.307	0.129	0.0738	0.276
敏感等级	I	III	IV	II

7) 流变参数计算模型

由以上的实验研究可以看出，压力、温度、增黏剂浓度均对改良的 CO_2 干法压裂液体系的流动特性产生影响，但是影响程度不同，温度对改良的 CO_2 干法压裂液的流变特性影响最大，而当温度单独与流变参数关联时，满足指数函数 $\exp(a_1 + a_2 x + a_3 x^2)$ 的形式，因而在本书的研究中，在给定增黏剂浓度的条件下，对温度影响下的体系流变参数进行了拟合。

应用上述参数模型对液态和超临界条件下的流变实验数据进行拟合，流动指数和稠度系数的拟合曲线如图4-15所示，在此基础上分别得出了改良的 CO_2 干法压裂液在液态和超临界条件下的流变参数模型。

(1) 液态条件下：

$$n = \exp\left[-1.5712 + 1.762\frac{t}{t_{cr}} - 0.9713\left(\frac{t}{t_{cr}}\right)^2 \right] \quad (4-14)$$

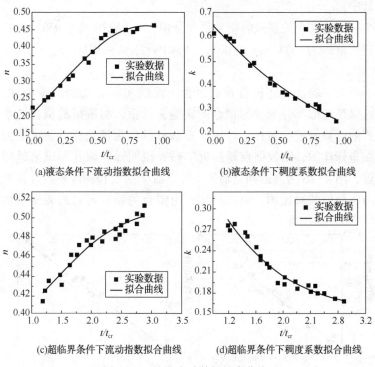

(a)液态条件下流动指数拟合曲线　　(b)液态条件下稠度系数拟合曲线

(c)超临界条件下流动指数拟合曲线　　(d)超临界条件下稠度系数拟合曲线

图 4-15　流变实验数据拟合曲线

$$k = \exp\left[-0.4306 - 0.9117\,\frac{t}{t_{cr}} - 0.0218\left(\frac{t}{t_{cr}}\right)^2\right] \quad (4-15)$$

其中：$t_{cr} = 31.2\,℃$。

上述两个关联式的相关系数分别为 0.97676 和 0.98228，其适用范围为：$0℃ \leqslant t \leqslant 100℃$，$10MPa \leqslant p \leqslant 30MPa$，$\Gamma_{TH} = 3.0\%$（质）。

（2）超临界条件下：

$$n = \exp\left[-1.1208 + 0.2685\,\frac{t}{t_{cr}} - 0.0413\left(\frac{t}{t_{cr}}\right)^2\right] \quad (4-16)$$

$$k = \exp\left[-0.5056 - 0.7652\,\frac{t}{t_{cr}} + 0.1126\left(\frac{t}{t_{cr}}\right)^2\right] \quad (4-17)$$

其中：$t_{cr} = 31.2℃$。

上述两个关联式的相关系数分别为 0.93278 及 0.95351，其适用范围为：$0℃ \leqslant t \leqslant 100℃$，$10MPa \leqslant p \leqslant 30MPa$，$\Gamma_{TH} = 3.0\%$（质）。

为了验证上述拟合式能否真正反映实际管流的流变特性，这里还选取部分未参与拟合的实验测试值，与所得的拟合关系式的计算值进行对比。以流变参数计算值为横坐标，测试值为纵坐标作图，则数据点越接近 $y = x$，说明计算值和测试值越接近，图 4-16 为液态和超临界条件下流动指数和稠度系数计算值与实测值的对比图，可以看出，由拟合关系式得到的流变参数

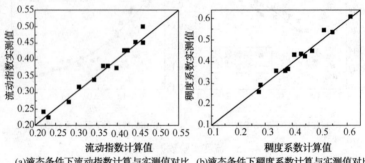

(a)液态条件下流动指数计算与实测值对比   (b)液态条件下稠度系数计算与实测值对比

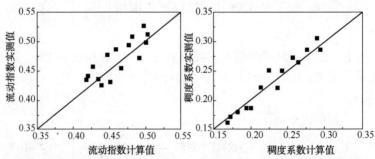

(c)超临界条件下流动指数计算与实测值对比 (d)超临界条件下稠度系数计算与实测值对比

图 4-16　流变参数计算值与实测值对比

计算值和实际的测试值吻合较好。定义平均计算误差为：

$$M_a = \frac{100}{N} \sum_{i=1}^{N} \left| (X_i^{exp} - X_i^{cal}) / X_i^{exp} \right| \qquad (4-18)$$

式中 X_i^{exp}——流变参数的实验值；

$\qquad X_i^{cal}$——流变参数的计算值。

在液态条件下，流动指数和稠度系数拟合关系式的平均计算误差分别为 3.59% 和 3.71%，在超临界条件下，流动指数和稠度系数拟合关系式的平均计算误差分别为 3.96% 和 4.09%，这也说明了通过拟合得到的流变参数关联式可以较为准确地描述实际改良的 CO_2 干法压裂液的流变特性。

4.2 摩擦阻力特性研究

4.2.1 实验系统及原理

1）摩阻实验系统

改良的 CO_2 干法压裂液的摩阻实验仍然采用高参数压裂液性能评价实验系统，测试方法与流变实验相同，这里不再赘述。

2）摩阻实验原理

压裂液作为一种高压流体，其主要作用就是以超过地层应力以及周围岩石的抗张强度的压力进入地层，形成有效的裂缝，并携带支撑剂在裂缝中运移。因此能否对压裂液在管流等过程中的压力降进行准确的分析计算，不仅仅关系到整个压裂作业过程的可靠性，而且能否准确地提供压裂液在裂缝入口处的流体参数，对压裂的成败以及现场作业的经济性也具有非常大的影响。

流体通过直管道的总压降由三部分组成，即：摩擦阻力压降、重位压降和加速压降。其表达式如下：

$$-\frac{\mathrm{d}p}{\mathrm{d}z} = \frac{\mathrm{d}p_{\mathrm{f}}}{\mathrm{d}z} + \frac{\mathrm{d}p_{\mathrm{g}}}{\mathrm{d}z} + \frac{\mathrm{d}p_{\mathrm{a}}}{\mathrm{d}z} \qquad (4-19)$$

式中　$-\dfrac{\mathrm{d}p}{\mathrm{d}z}$——总压降，Pa；

　　　$\dfrac{\mathrm{d}p_{\mathrm{f}}}{\mathrm{d}z}$——摩擦压降，Pa；

　　　$\dfrac{\mathrm{d}p_{\mathrm{g}}}{\mathrm{d}z}$——重位压降，Pa；

　　　$\dfrac{\mathrm{d}p_{\mathrm{a}}}{\mathrm{d}z}$——加速压降，Pa。

在工程实际中，由于压裂液在油管中流动时的速度变化不大，因而可以将加速压降予以忽略。本次实验分析中，主要是将改良的 CO_2 干法压裂液流经水平管路时的阻力特性作为研究对象，因此上式中重位压降也可以忽略，同时将流体用均相模型来处理，根据 Darcy 公式可将压降表示为：

$$\Delta p = \Delta p_{\mathrm{f}} = \lambda\,\frac{L}{D}\,\frac{\rho_{\mathrm{f}}\,\overline{U}^2}{2} \qquad (4-20)$$

式中　Δp_{f}——摩擦压降，Pa；

　　　λ——摩擦阻力系数；

　　　L——压降测量的实验段长度，m；

　　　D——管道内径，m；

　　　ρ_{f}——压裂液密度，kg·m^{-3}；

　　　$\overline{U}$——平均流速，m·s^{-1}。

因此，可得摩擦阻力系数为：

$$\lambda = \frac{(\Delta p_{\mathrm{f}}/L)\,D}{\rho_{\mathrm{f}}\,\overline{U}^2/2} \qquad (4-21)$$

4.2.2 实验结果及分析

1）摩擦阻力系数影响规律研究

本节主要研究了改良的 CO_2 干法压裂液体系在不同温度、压力和流速下的摩擦阻力特性。实验测得了不同工况下的压降值，由公式（4-21）计算得出对应工况下的摩擦阻力系数，进而分析比较不同工况下摩擦阻力系数随流速等因素的变化规律，并拟合出阻力系数与 Re' 数之间的布拉修斯公式。表46为部分工况下改良的 CO_2 干法压裂液在不同流速下的压降值和 Re' 数，从表中可以看出，在实验条件下，改良的 CO_2 干法压裂液体系的压降最大为3660Pa，最小为1759Pa，摩擦阻力系数最大为0.6879，最小为0.1255，下面对各因素的影响做具体分析。

表 4-6 不同流速下改良的 CO_2 干法压裂液的压降值和 Re' 数

状态	增黏剂浓度（质）/%	流速/m·s⁻¹	压降（实验值）/Pa	Re'	阻力系数
10MPa 15℃	1.5	0.220	1759	99	0.6459
	1.5	0.276	1911	144	0.4459
	1.5	0.331	2052	192	0.3330
	1.5	0.387	2141	252	0.2541
	1.5	0.442	2209	318	0.2010
	1.5	0.552	2668	411	0.1557
	1.5	0.663	3103	510	0.1255
15MPa 15℃	1.5	0.220	1760	99	0.6465
	1.5	0.276	1918	143	0.4477
	1.5	0.331	2135	185	0.3464
	1.5	0.387	2295	235	0.2724
	1.5	0.497	2683	331	0.1931
	1.5	0.552	2915	376	0.1700
	1.5	0.663	3398	466	0.1374

续表

状态	增黏剂浓度 （质）/%	流速/m·s⁻¹	压降(实验 值)/Pa	Re'	阻力系数
20MPa 15℃	2.0	0.220	1762	99	0.6474
	2.0	0.276	1924	143	0.4489
	2.0	0.331	2169	182	0.3519
	2.0	0.387	2393	225	0.2840
	2.0	0.552	3172	346	0.1851
	2.0	0.663	3660	432	0.1480
	3.0	0.219	1856	93	0.6879
	3.0	0.275	2054	133	0.4828
	3.0	0.331	2280	173	0.3699
	3.0	0.387	2440	221	0.2896

图 4-17 是压力为 20MPa，温度为 15℃时不同增黏剂浓度下改良的 CO_2 干法压裂液体系的摩擦阻力系数变化曲线，可以看

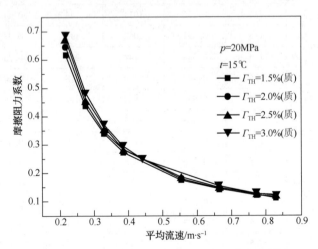

图 4-17 不同增黏剂浓度下摩擦阻力系数变化曲线

出，随着增黏剂浓度的增加，摩阻系数变化不大，这是因为在实验条件下，CO_2 在压裂液体系中是以近似于牛顿流体的液态形式存在，由于液态 CO_2 体积份额较大（97%~98.5%），而最终体系的黏度大小主要受到外相 CO_2 黏度的控制，因而增黏剂浓度的变化引起体系黏度的增幅很小，使得压裂液的摩擦压降梯度变化较小，表现为摩擦阻力系数略有增加。

图 4-18 是压力为 20MPa、增黏剂浓度为 3.0%（质）时不同温度下摩擦阻力系数的变化曲线，从图中可以看出，改良的 CO_2 干法压裂液体系的摩擦阻力系数随温度的升高而减小。温度的升高对于整个压裂液体系的影响更多的是表现为对表面活性剂本身性质的影响，通过实验研究发现，当温度小于 CO_2 的临界温度时，随着温度的升高，改良的 CO_2 干法压裂液的有效黏度是逐渐减小的，随之带来的是管流摩擦阻力的降低，因此表现为摩擦阻力系数随温度的升高而减小。

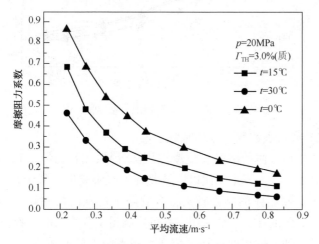

图 4-18　不同温度下摩擦阻力系数变化曲线

图 4-19 是增黏剂浓度为 1.5%（质），温度为 15℃，压力分别为 10MPa、15MPa 和 20MPa 时摩擦阻力系数的变化曲线，从

图中可以看出，改良的 CO_2 干法压裂液体系的摩擦阻力系数随压力的增加有较小幅度的增加。如前所述，压力主要通过改变增黏剂在 CO_2 中的溶解性及表活剂的内部空间结构影响体系的黏度特性，压力的升高最终导致改良的 CO_2 干法压裂液体系的有效黏度有所增加，使得改良的 CO_2 干法压裂液体系的摩擦压降略有增加，表现出来就是摩擦阻力系数随压力的增加有较小幅度的增加。

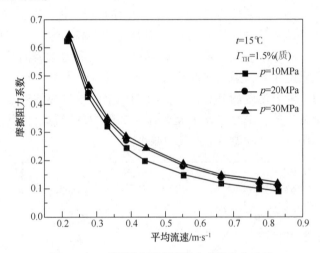

图 4-19　不同压力下摩擦阻力系数变化曲线

2）摩阻系数数学计算模型建立

非牛顿流体的圆管管流摩擦压降计算，目前还没有成熟的理论分析方法，五十年代以后虽然有一些研究也只限于光滑区。由于非牛顿流体的黏度较大，在管路中流动时的雷诺数较小，因此光滑区的计算一般采用一些可以满足工程需求的经验公式。

考虑到流体相间的动量传递、相界面上的摩擦力与剪切速率的关系等都不能进行定量描述。因此，系统中各物理参数和动力参数对摩擦阻力系数的影响可用下式表示：

$$\lambda = f(p, \ t, \ \rho, \ u, \ D, \ L) \qquad (4-22)$$

把各因素的影响无量纲化可得：

$$\lambda = f(Re')\tag{4-23}$$

这就是说，对于紊流光滑区的非牛顿流体摩阻系数的计算，可以通过扩大广义雷诺数使其计算的公式与牛顿流体相统一。

实际上对于光滑区的摩擦阻力系数 λ，不仅取决于广义雷诺数 Re'，而且取决于 n'，常用的计算方法包括两种。

a）布拉修斯型经验公式

$$\lambda = \frac{a}{Re'^b}\tag{4-24}$$

式中，a，b 都是流体流动指数 n' 的函数，对应于不同的 n' 值的 a 和 b 可以用数据拟合的形式得出。

b）半经验公式

依据卡门（Karman）公式和相关的实验资料可整理出如下计算紊流光滑区的非牛顿流体的摩擦阻力系数 λ 的半经验公式：

$$\frac{1}{\sqrt{\frac{\lambda}{4}}} = \frac{4.0}{n'^{0.75}}\lg\left[Re'\left(\frac{\lambda}{4}\right)^{(1-\frac{n'}{2})}\right] - \frac{0.4}{n'^{1.2}}\tag{4-25}$$

式（4-25）的理论计算和实验数据取得了基本的一致，实验数据的范围为：$n'=0.36\sim1.0$，$Re'=2900\sim36000$。

在本研究中选取了第一种经验公式的拟合形式，建立了改良的 CO_2 干法压裂液体系的摩阻系数数学模型，得出了改良的 CO_2 干法压裂液体系的摩擦阻力系数与广义雷诺数之间的关联式：

$$\lambda = 50.998Re'^{-0.9538}\tag{4-26}$$

图4-20为摩擦阻力系数与广义雷诺数的拟合关系图，关联式的相关系数为0.99674。该式的适用范围为：$93\leq Re'\leq554$，$1.5\%\leq\varGamma_{TH}\leq3.0\%$，$0℃\leq t\leq100℃$，$10MPa\leq p\leq30MPa$。

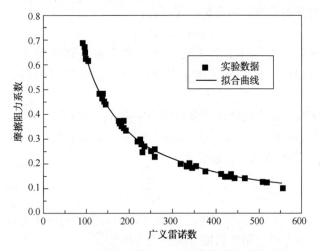

图 4-20　摩擦阻力系数与广义雷诺数的拟合关系图

　　同样，这里也选取部分未参与拟合的实验测试值，与所得的拟合关系式的计算值进行对比，从而考察拟合式对实际管流摩阻的描述能力。图 4-21 为摩擦阻力系数计算值与实测值的对

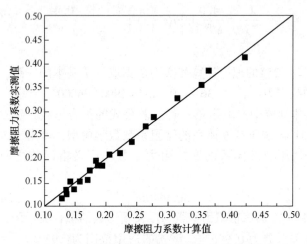

图 4-21　摩擦阻力系数计算值与实测值对比

比图，从图中可以看出，由拟合关系式得到的摩擦阻力系数计算值和实际的测试值吻合较好，采用式(4-18)计算平均计算误差得到，摩擦阻力系数拟合关系式的平均计算误差为 4.35%，这也说明了通过拟合得到的关联式可以较为准确地描述实际改良的 CO_2 干法压裂液的摩擦阻力特性。

4.3　携砂特性研究

随着携砂液在裂缝中的流动，在重力作用下，支撑剂逐渐在裂缝中下沉。支撑剂的沉降速度受到了许多因素的影响，主要包括压裂液的流体性质、支撑剂的粒径及密度。由于动态的高压携砂实验目前还难以实现，所以本次实验的主要目的是研究改良的 CO_2 干法压裂液体系在高压条件下的整体静态携砂性能，本次研究选择测量高压携砂容器内陶粒在改良的 CO_2 干法压裂液中沉降速度的方法来评价其携砂性能，着重研究了不同工况下改良的 CO_2 干法压裂液温度、增黏剂浓度以及支撑剂浓度(砂比)对静态沉降速度的影响特征。

4.3.1　实验系统及原理

1）携砂实验系统

图 4-22、图 4-23 分别为支撑剂(陶粒)在改良的 CO_2 干法压裂液中的静态悬砂实验系统实物图和流程图，图 4-24 为自制的静态悬砂容器主体。在改良的 CO_2 干法压裂液中支撑剂的沉降速度采用粒子成像测速技术(PIV)来测量，其测量原理为相关测速原理，即通过测量固定时间间隔内的支撑剂位移计算得出。

图 4-22　静态悬砂实验系统实物图

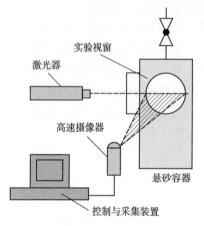

激光器

实验视窗

高速摄像器

悬砂容器

控制与采集装置

图 4-23　静态悬砂实验系统流程图

图 4-24　静态悬砂容器主体

2）携砂性能实验原理

在携砂液流动过程中，作用在支撑剂颗粒垂直方向上的合力 F 可以表示为：

$$F = G + F_f + F_D + F_A + F_B + F_M + F_S \qquad (4-27)$$

G 和 F_f 分别是颗粒的重力以及在压裂液中所受的浮力，F_D 为颗粒在压裂液中沉降时受到的相间阻力。F_A 称为附加质量力，或虚拟质量力，一般采用下面的公式来计算附加质量力[121]：

110

$$F_A = -\frac{1}{6}C_A\pi d_p^3\rho_f \frac{du_{slip}}{dt} \qquad (4-28)$$

式中　C_A——附加质量力系数；

　　　d_p——颗粒直径，m；

　　　ρ_f——压裂液密度，$kg \cdot m^{-3}$；

　　　u_{slip}——固体颗粒相对连续相的滑移速度，$m \cdot s^{-1}$。

对于颗粒在牛顿流体中的沉降，$C_A = 0.5$；对于非牛顿流体中的颗粒沉降，Kendoush 等[122]根据他的实验结果对 C_A 进行了相应的修正：

$$C_A = 0.5 + \begin{cases} 15N_{Re}^{-1.125}(100 < N_{Re} < 300) \\ 10N_{Re}^{-1.125}(300 < N_{Re} < 500) \\ 5N_{Re}^{-1.125}(N_{Re} > 500) \end{cases} \qquad (4-29)$$

F_B 即 Basset 力，又称为历史力。一般认为，只有当颗粒处于加速沉降的初期时，F_B 才予以考虑，当颗粒沉降速度接近沉降终速甚至达到悬浮时，可以忽略 F_B。式(4-27)中的后面的两项 Magnus 力 F_M 和 Saffman 力 F_S 可以统称为升力，在水平的流场中，由于颗粒周围连续相分布的不均匀性以及颗粒表面的环流现象，导致颗粒受到了垂直方向上的升力。颗粒所受到的升力会随着流体水平流速的增大而增大[123]。

从上面携砂液中的支撑剂颗粒的受力分析可知，如果压裂液和支撑剂的密度确定，则重力 G 和浮力 F_f 都不会发生变化，经过一段时间后，颗粒的沉降速度就会趋近于沉降终速，则附加质量力 F_A 和 Basset 力 F_B 可以忽略[124]。如果颗粒所受到的阻力、浮力和升力的合力小于重力，则颗粒就会发生沉降。

本实验中对于改良的 CO_2 干法压裂液静态携砂特性的实验研究采用的是颗粒成像测速技术，即 PIV 技术[125]。颗粒成像测速是一种能在同一瞬时记录空间内多点的速度分布情况的非接触式流体力学测速方法。它同时还能提供丰富的流场空间结构和流动特性，且测量精度较高。实验时将激光器产生的光束经透镜散射后形成很薄的片光源，入射到容器内的特定区域后，CCD摄像机以垂直片光源的方向对准该区域。利用示踪颗粒对光的散射作用，记录下摄像机两次曝光时特定区域内颗粒的分布图像，形成两幅不同时刻下，相同待测区域内颗粒的分布图片，进而通过计算某一时间段内支撑剂的位移得出颗粒的静态沉降速度。

本实验选用的支撑剂为陕西秦瀚陶粒公司生产的烧结陶粒，其主要规格参数如表4-7所示。

表4-7　陶粒支撑剂主要规格参数

化学成分	Al$_2$O$_3$	74%～77%
	SiO$_2$	12%～16%
	Fe$_2$O$_3$	4.5%～6.5%
	TiO$_2$	2.5%～3.5%
粒径范围	0.21～0.43mm(40/70目)	
堆密度	≤2000kg/m^3	
颗粒密度	≤1700kg/m^3	
圆度	≥0.95	
球度	≥0.95	
酸溶解度	≤4%	

4.3.2　实验结果及分析

1）温度和增黏剂浓度的影响

图4-25为超临界条件下支撑剂颗粒沉降速度随温度的变化曲线，其温度范围为40～80℃，CO$_2$增黏剂浓度分别为2.0%（质）、2.5%（质）和3.0%（质），压力为20MPa。从图中可以看出，在超临界条件下颗粒沉降速度随着温度的升高而增大。造成这一现象的主要原因是在超临界条件下，温度升高增加了体

系分子的运动活性，流体的活化能减小，最终导致体系有效黏度降低，因而体系的携砂性能减弱。

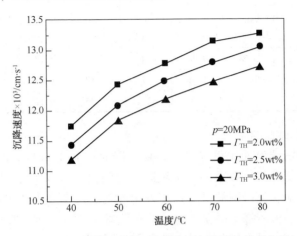

图 4-25　不同增黏剂浓度下沉降速度与温度的关系曲线

　　表 4-8 是液态条件下支撑剂颗粒沉降速度与温度的关系，其中温度范围为 15～30℃，CO_2 增黏剂浓度分别为 2.0%（质）、2.5%（质）和 3.0%（质），压力为 20MPa。从表中可以看出，在液态条件下颗粒沉降速度也是随着温度的升高而增大，与超临界条件下颗粒的沉降特性相似。由于温度的升高导致溶液的有效黏度降低，同时，随着温度的升高，液态体系中表面活性剂分子胶束的长度和数量也随之减少，因而破坏了空间网状结构，使得溶液的弹性减小，这是导致液态体系携砂性能减弱的最主要原因。由表 4-8 也可看出液态条件下支撑剂沉降速度随增黏剂浓度的变化，支撑剂颗粒沉降速度随 CO_2 增黏剂浓度的增大而减小。这是由于 CO_2 中增黏剂浓度的增加使得表面活性剂分子形成的空间网状结构更加致密，网状结构间的作用力增强，因而破坏这种结构所需的力增加，从而增大了溶液的黏度，同时，溶液具有比之前更好的黏弹性，从而使得携砂性能得到提高，表现为支撑剂沉降速度降低。

表4-8 液态条件下沉降速度与温度的关系($p=20$MPa)

$t/℃$	单颗粒沉降速度$\times10^3/$cm·s^{-1}			砂比10%时沉降速度$\times10^3/$cm·s^{-1}		
	$\Gamma_{TH}=$ 2.0%(质)	$\Gamma_{TH}=$ 2.5%(质)	$\Gamma_{TH}=$ 3.0%(质)	$\Gamma_{TH}=$ 2.0%(质)	$\Gamma_{TH}=$ 2.5%(质)	$\Gamma_{TH}=$ 3.0%(质)
15	9.63	9.06	8.49	5.91	5.18	4.72
20	10.6	10.1	9.72	6.87	6.05	5.86
30	13.4	13.0	12.6	9.35	9.12	8.43

2）砂比的影响

当溶液中砂比很低时，颗粒沉降时彼此受到的干扰很小，可以近似看作单颗粒的自由沉降，当砂比逐渐增加时，颗粒间相互影响，使得颗粒沉降速度发生改变。在实际压裂作业过程中，压裂液所携带的是一定浓度的支撑剂颗粒，因此在研究最终沉降速度时必须考虑到压裂液砂比的影响。

砂比对支撑剂颗粒沉降速度的影响如表4-9所示，从表中可以看出，沉降速度随砂比的增加而降低，造成这一现象的原因是多颗粒的加入使得颗粒在沉降过程中受到周围颗粒的干扰，一定体积砂粒沉降的同时也伴随着一定体积溶液的上升运动，含砂比越高，砂粒沉降所引起的溶液回流也越大。此外，支撑剂颗粒群的存在相当于增大了携砂液的密度，根据斯托克斯定律，这也是使颗粒沉降速度降低的一个因素。因此宏观表现为：支撑剂颗粒间的相互影响使得每颗支撑剂的沉降速度都降低了。

表4-9 砂比与沉降速度的关系($p=20$MPa)

C_S	$u_t\times10^3/$cm·s^{-1} $\Gamma_{TH}=2.5$%(质)		$u_t\times10^3/$cm·s^{-1} $\Gamma_{TH}=3.0$%(质)	
	$t=15℃$	$t=30℃$	$t=15℃$	$t=30℃$
单颗粒	9.06	13.0	8.49	12.6
5%	8.23	12.1	7.35	11.2
10%	5.18	9.12	4.72	8.43

3）颗粒静态沉降速度分析

在讨论压裂液的携砂性能时，支撑剂在压裂液中的沉降速度显然是一个十分重要的影响因素。在研究单个支撑剂颗粒在静止牛顿流体中的沉降速度时，如将其看作均匀光滑的圆球体，且不考虑静电力、离心力和范德华力等次要外力作用，则有斯托克斯定律：

$$C_D = \frac{4}{3} \frac{\rho_p - \rho_f}{\rho_f} \frac{g d_p}{u_t^2} \qquad (4-30)$$

式中　C_D——支撑剂颗粒在流体中的沉降阻力系数；

　　　ρ_p——支撑剂颗粒密度，$kg \cdot m^{-3}$；

　　　ρ_f——压裂液密度，$kg \cdot m^{-3}$；

　　　g——重力加速度，$m \cdot s^{-2}$；

　　　d_p——支撑剂颗粒直径，m；

　　　u_t——支撑剂颗粒沉降终速，$m \cdot s^{-1}$，即支撑剂颗粒在无限大液体介质中自由沉降最终达到平衡的均匀速度。

阻力系数 C_D 是颗粒沉降雷诺数的函数，根据雷诺数的大小，可以将阻力系数划为几个不同的区域，并得到沉降终速 u_t 的不同表达式。

颗粒沉降雷诺数定义为：

$$N_{Re} = \frac{d_p u_t \rho_f}{\mu} \qquad (4-31)$$

式中　μ——液体的动力黏度，$Pa \cdot s$。

① 斯托克斯区域（层流区）：

$$C_D = \frac{24}{N_{Re}} \qquad N_{Re} \leqslant 1 \qquad (4-32)$$

将式（4-30）和式（4-31）代入式（4-32），可得沉降终速：

$$u_t = \frac{g d_p^2 (\rho_p - \rho_f)}{18\mu} \qquad (4-33)$$

115

② 过渡区域：

$$C_D = \frac{18.5}{N_{Re}^{0.6}} \qquad 1 < N_{Re} \leqslant 500 \qquad (4-34)$$

相应的沉降终速为：

$$u_t = \left[\frac{0.072(\rho_p - \rho_f)}{\rho_f^{0.4}} \frac{g d_p^{1.6}}{\mu^{0.6}} \right]^{0.71} \qquad (4-35)$$

③ 紊流区域：

$$C_D \approx 0.44 \qquad 500 < N_{Re} \leqslant 2 \times 10^5 \qquad (4-36)$$

此时沉降终速为：

$$u_t = \sqrt{\frac{3 g d_p (\rho_p - \rho_f)}{\rho_f}} \qquad (4-37)$$

④ 边界层紊流区域：

在该区域内有 $\eta_{Re} > 2 \times 10^5$。

事实上，水力压裂过程中几乎不可能遇到支撑剂在紊流区域和边界层紊流区域内的沉降。从式(4-33)和式(4-35)可知，支撑剂颗粒在静止牛顿液体内沉降终速随粒径和密度的增大而增大，随液体密度和动力黏度的增大而减小。

4）静态沉降速度数学计算模型

绝大多数压裂液都是非牛顿流体，理论研究和工程计算中通常将压裂液看作幂律流体，由幂律模型方程可知，压裂液表观黏度为：

$$\eta = \frac{\tau}{\dot{\gamma}} = k \dot{\gamma}^{n-1} \qquad (4-38)$$

压裂液中支撑剂颗粒沉降的剪切速率定义为：

$$\dot{\gamma}_p = 3 u_t / d_p \qquad (4-39)$$

将式(4-39)代入式(4-38)，得出表观黏度为：

$$\eta = k \dot{\gamma}_p^{n-1} = k \left(\frac{3 u_t}{d_p} \right)^{n-1} \qquad (4-40)$$

再将式(4-40)代入式(4-31)，得出压裂液中支撑剂颗粒沉降的雷诺数：

$$N_{Re}' = \frac{d_p^n u_t^{2-n} \rho_f}{3^{n-1} k} \qquad (4-41)$$

将式(4-41)与式(4-30)代入式(4-32)，同样可以得到支撑剂颗粒在幂律流体内层流区沉降速度为：

$$u_t = \left[\frac{g d_p^{n+1} (\rho_p - \rho_f)}{18k\,(3)^{n-1}} \right]^{\frac{1}{n}} \qquad N_{Re}' \leqslant 1 \qquad (4-42)$$

以上几个公式是理想状态下单个颗粒在幂律流体中的沉降速度计算公式，在实际运用中会存在一定的偏差，Gu 和 Tanner[126]采用数值模拟等方法对球形颗粒在幂律流体中的沉降公式进行了修正，并得出了关于阻力系数的修正系数 α，所采用的形式都为 $\alpha = f(n)$，即 $C_D' = \alpha C_D = f(n)\dfrac{24}{Re}$。

同时由实验结果可以看出，颗粒砂比对于沉降速度的影响很大，因此，在对颗粒沉降速度进行拟合的时候，必须考虑砂比的影响。通常用于描述砂比对沉降速度影响的方程为：$\dfrac{u_{t0}}{u_{ts}} = 1 + A C_S$ 或 $\dfrac{u_{t0}}{u_{ts}} = (1 - C_S)^m$，其中前式适用于砂比小于 5% 的情况。

由于本实验中砂比范围大于 5%，因此采用 $\dfrac{u_{t0}}{u_{ts}} = (1 - C_S)^m$ 的形式拟合计算关联式，这样可以得到计算关联式的函数形式为：

$$u_t = d_p \left[\frac{g d_p (\rho_p - \rho_f)}{18 k f(n)} \right]^{\frac{1}{n}} (1 - C_S)^m \qquad (4-43)$$

在式(4-43)的基础上，通过对以上实验结果的分析处理，并综合考虑了砂比、温度、增黏剂浓度对于沉降速度的影响，对公式进行了修正，拟合出如式(4-44)所示的颗粒沉降速度计算关联式：

$$u_t = d_p \left[\frac{gd_p(\rho_p - \rho_f)}{18k(6.937 - 1.854n + 3.172n^2)} \right]^{\frac{1}{n}} (1 - C_S)^{0.1296}$$

$$(4-44)$$

其中球体颗粒的直径采用的是颗粒的等体积当量直径来代替，取值为 $d_p = 0.3\text{mm}$。所用支撑剂颗粒密度约为 $1700\text{kg} \cdot \text{m}^{-3}$。图 4-26、图 4-27 和图 4-28 分别为颗粒沉降速度与稠度系数、流动指数和砂比的拟合关系图，关联式的相关系数为 0.84313。该式的适用范围为：$0 \leqslant C_S \leqslant 10\%$，$1.5\%(\text{质}) \leqslant \Gamma_{TH} \leqslant 3.0\%(\text{质})$，$15\text{℃} \leqslant t \leqslant 80\text{℃}$，$p = 20\text{MPa}$。

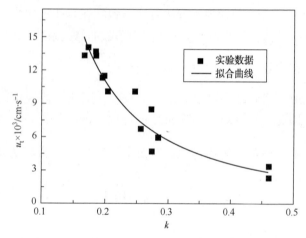

图 4-26　颗粒沉降速度与稠度系数拟合曲线

与前面 4.1.2 和 4.2.2 中验证流变参数和摩擦阻力系数计算模型的方法相同，这里为了验证上述改良的 CO₂ 干法压裂液中支撑剂颗粒沉降速度的拟合关系式能否真正反映实际支撑剂颗粒的沉降特性，还选取了部分未参与拟合的实验测试值，将其与所得的拟合关系式的计算值进行了对比，图 4-29 为颗粒沉降速度计算值与实测值的对比图，从图中可以看出，由拟合关系式得到的颗粒沉降速度计算值和实际的测试值吻合也较好，颗

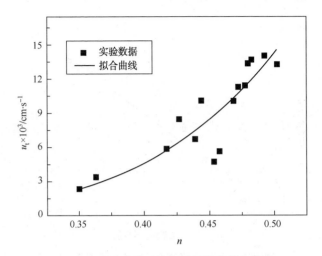

图 4-27　颗粒沉降速度与流动指数拟合曲线

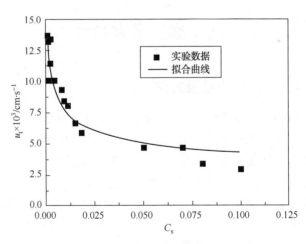

图 4-28　颗粒沉降速度与砂比拟合曲线

粒沉降速度拟合关系式的平均计算误差为 8.12%，说明通过拟合得到的颗粒沉降速度关联式可以较为准确地描述实际改良的 CO_2 干法压裂液的中支撑剂颗粒的沉降特性。

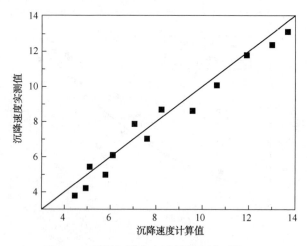

图 4-29　颗粒沉降速度计算值与实测值对比

4.4　滤失伤害特性

4.4.1　实验系统及方法

在油气藏压裂过程中，压裂液向地层的滤失是不可避免的，由于压裂液的滤失使得压裂效率降低，造缝体积减小，压裂液的滤失性主要取决于它的黏度和造壁性。压裂液滤失到地层受三种机理控制，即压裂液的黏度、油藏岩石和流体的压缩性以及压裂液的造壁性。同时，压裂液会对地层产生一定的伤害，因此，研究压裂液的滤失伤害特性对裂缝几何参数的计算和地层伤害的评价都具有重要意义。

1）实验系统

滤失伤害实验系统实物图和流程图如图 4-30 和图 4-31 所示，系统的总体流程为：首先打开氮气瓶阀门，测岩心的原始渗透率，然后将岩心装入滤失夹持器，由流变实验系统的两台

图4-30 滤失伤害实验系统实物图

高压柱塞泵分别将增黏剂和液态CO_2泵入实验管路并经过泡沫发生器混合均匀后，进入加热器，加热功率可调，系统的压力由背压阀调节，改良的CO_2干法压裂液在被加热到所需的温度后，进入动态滤失伤害测试管路。压裂液进入动态岩心夹持器的入口端，岩心端面充分暴露在压裂液中，使压裂液在一定的剪切作用下通过岩心的端面，并调整回压阀进行滤失压差调节，保证在适当的压差下滤失，通过质量流量计对滤失量进行实时记录，滤失测试结束后将岩心取出装入岩心夹持器，测试伤害后页岩岩样的渗透率，根据伤害前后渗透率大小来计算伤害率。

2）实验方法

（1）滤失实验

压裂液在岩心中的滤失特性测试采用"中华人民共和国石油天然气行业标准" SY/T 6215—1996 规定的实验方法，测定不含支撑剂的压裂液，在依次经过管道剪切、模拟储层受热剪切下通过岩心端面的滤失性能。压裂液通过岩心端面时保证形成 3.5MPa 的滤失压差，并采用气体质量流量计对滤失量进行计量，从而可以研究改良的CO_2干法压裂液的滤失特性随温度、增黏剂浓度等因素的变化规律。

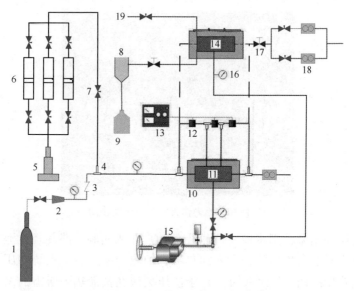

图4-31　滤失伤害实验系统流程图

1—气瓶；2—减压器；3—止回阀；4—三通；5—恒流泵；6—活塞式中间容器；7—针阀；8—汽水分离器；9—集液罐；10—岩心夹持器；11—岩心；12—JYB-3153型数字化差压变送器；13—JW-5型直流稳压电源；14—滤失岩心夹持器；15—手摇泵；16—压力表；17—背压阀；18—流量计；19—压裂液入口

（2）伤害实验

压裂液对岩心的伤害特性部分采用"中华人民共和国石油天然气行业标准"SY/T 5107—1995 规定实验方法。首先测试岩心的原始渗透率，然后进行滤失量的测定，测定时间为 36min，最后通过对滤失后岩心渗透率的测量，得出压裂液对岩心的动态滤失伤害率，并可研究各因素对伤害特性的影响规律。岩心渗透率的伤害率按照式(4-45)计算：

$$\alpha_c = \frac{K - K'}{K} \times 100\% \qquad (4\text{-}45)$$

式中　α_c——渗透率伤害率，%；

122

K——滤失前岩心渗透率，$10^{-3}\,\mu m^2$；

K'——滤失后岩心的渗透率，$10^{-3}\,\mu m^2$。

本书在实验室已建有的滤失伤害实验装置上开展了改良的 CO_2 干法压裂液在不同工况下通过页岩岩心时的动态滤失特性研究，主要分析了不同的温度区域时改良的 CO_2 干法压裂液岩心剖面滤失特征，并对滤失前后岩心渗透率进行了测量，分析了不同工况条件下改良的 CO_2 干法压裂液体系的岩心伤害性。研究中选取了鄂尔多斯盆地的天然页岩岩心（长度为 56.62mm，直径为 25.08mm），实验温度选取了 10℃、20℃、40℃和 60℃四个温度点，剪切速率选取 $50s^{-1}$ 及 $170s^{-1}$ 两个剪切速率测点，实验压力为 10MPa，岩心的围压为 12MPa，在测试过程中，压裂液通过岩心端面形成的压差为 3.5MPa。

4.4.2 实验结果及分析

1）滤失特性

如表 4-10 所示，改良的 CO_2 干法压裂液的滤失系数为 $1.34\times10^{-5}\sim4.75\times10^{-5}\,m\cdot min^{-0.5}$，明显低于纯 CO_2 的滤失系数，这也说明改良的 CO_2 干法压裂液具有较好的降滤失特性。从各因素对改良的 CO_2 干法压裂液滤失系数的影响规律来看，低温时的滤失系数明显要比高温时的低，说明当改良的 CO_2 干法压裂液进入地层后，经过与地层的换热达到超临界状态后会导致压裂液在地层多孔介质内的滤失量增加。产生这种现象的原因主要包括两个方面：一方面，低温时干法压裂液的黏度较高，而高温条件下体系的活化能降低，干法压裂液的黏度减小，此时，压裂液滤失主要受黏度控制，因而黏度较高的干法压裂液在页岩中滤失量较小；另一方面，与液态 CO_2 相比，处于超临界状态的 CO_2 在多孔介质内的渗透扩散能力更强，这样就在一定程度上增加了压裂液在地层中的滤失。实际压裂施工过程中处于液态的改良 CO_2 干法压裂液通过高压泵注入进入地层，在井筒内不断吸热，到达井底时温度升高，在地层压开裂缝后，改良的 CO_2 干法压裂液又在裂缝内不断吸热，最终转变成超临界状态。因此，在页岩气藏干法压裂过程中，采用液态 CO_2 预先冷却管柱，并尽量减小施工时间，对减小 CO_2 干法压裂液滤失是非常有效的，可以极大提高干法压裂液的利用率。

表 4-10　改良的 CO_2 干法压裂液滤失特性数据

压力/MPa	剪切速率/s^{-1}	温度/℃	增黏剂浓度/%	滤失系数/ 10^{-5}m·min$^{-0.5}$
10	170	10	0	14.82
10	170	20	0	16.64
10	170	40	0	25.39
10	170	60	0	28.56
10	50	10	1.5	4.17
10	50	20	1.5	3.46
10	50	40	1.5	2.65
10	50	60	1.5	2.03
10	170	10	1.5	4.75
10	170	20	1.5	3.82
10	170	40	1.5	2.81
10	170	60	1.5	2.12
10	50	10	3.0	3.28
10	50	20	3.0	2.71
10	50	40	3.0	1.86
10	50	60	3.0	1.34
10	170	10	3.0	3.62
10	170	20	3.0	2.93
10	170	40	3.0	1.98
10	170	60	3.0	1.41

由表 4-10 可以看出，纯 CO_2 的滤失系数较大，变化范围在 $14.82×10^{-5} \sim 28.56×10^{-5} \mathrm{m \cdot min^{-0.5}}$，如上所述，增黏剂的加入提高了 CO_2 的黏度，也在一定程度上改善了压裂液的滤失性能，从增黏剂浓度对改良的 CO_2 干法压裂液地层滤失特性的影响来看，增黏剂浓度的增加对液态及超临界阶段的干法压裂液滤失系数的影响是相同的，即增加增黏剂浓度会相对地减小压裂液的地层滤失量，这主要是因为液态及超临界条件下，增黏剂浓度的增加都会使干法压裂液的黏度增加，从而进一步增强了其降滤失特性。此外还可以看出，随着温度的升高，增黏剂浓度对滤失速度的影响逐渐减弱，这与温度对 CO_2 的增黏特性的影响密切相关。

压裂液流经岩心端面的剪切速率对滤失性能的影响往往是众多学者不为关注的地方，在本次研究过程中针对流体流经岩心端面时不同的流速对滤失系数的影响做了相应的实验研究，研究中选取了 $50s^{-1}$ 来模拟研究压裂液在地层中低剪切速率流动时的滤失特性，选取了 $170s^{-1}$ 来模拟研究压裂液在地层中高剪切速率流动时的滤失特性。如表 4-10 所示，随着剪切速率的增大，滤失系数随之增大，说明无论对于液态还是超临界状态，增大压裂液在地层裂缝表面的流速会增加压裂液的滤失量，这主要是因为流速的增大相当于一定程度上增大了压裂液在岩心表面的滤失剖面以及减小了干法压裂液的黏度。但是当温度增大到 60℃ 时，改良的 CO_2 干法压裂液的滤失速度受到剪切速率的影响开始变得非常微弱，此时可以得出其滤失速度受剪切速率影响的临界温度点为 60℃。

2）岩心伤害特性

压裂液对页岩储层的伤害性是决定成功压开裂缝后裂缝导流能力以及压后产量的一个重要因素。很多学者就目前大部分压裂液体系的岩心伤害特性进行了实验研究。丁连宏和丛连铸[127] 通过对常规 CO_2 泡沫压裂液的岩心伤害性研究发现，常规

CO_2 泡沫压裂液的岩心伤害性虽然明显低于清水，但是其伤害率仍然达到了 40%~60%。管保山等[128]对清洁压裂液的岩心伤害性的研究表明，纯清洁压裂液对地层的伤害率仅为 27%，要明显低于常规水基压裂液。也有学者对页岩的伤害特性进行了研究，发现由于页岩中含有大量的黏土矿物，水基压裂液对页岩的伤害严重，同时研究发现，水基压裂液对页岩的伤害主要为水锁和水敏伤害[129]。

当采用纯 CO_2 作为压裂液对页岩气层进行压裂时，基本上不会对地层造成伤害，但当在 CO_2 中加入增黏剂后，就可能会对地层造成一定的影响，因此，基于以上滤失特性实验研究，本书还对改良的 CO_2 干法压裂液的岩心伤害特性进行了研究。表 4-11 为不同工况下改良的 CO_2 干法压裂液的页岩岩心伤害特性实验研究数据表，从表中可以看出，改良的 CO_2 干法压裂液对页岩岩心的伤害性相对较低，岩心伤害率在 0.63%~3.84% 之间，相比于 CO_2 泡沫压裂液、清洁压裂液、滑溜水等其他水基压裂液体系，改良的 CO_2 干法压裂液对页岩岩心具有明显的低伤害性。

表 4-11　改良的 CO_2 干法压裂液岩心伤害特性数据

压力/MPa	剪切速率/ s^{-1}	温度/℃	增黏剂浓度 （质）/%	岩心伤害率/%
10	50	10	1.5	0.81
10	50	20	1.5	1.13
10	50	40	1.5	2.17
10	50	60	1.5	3.76
10	170	10	1.5	0.86
10	170	20	1.5	1.28
10	170	40	1.5	2.35
10	170	60	1.5	3.84

压力/MPa	剪切速率/s^{-1}	温度/℃	增黏剂浓度（质）/%	岩心伤害率/%
10	50	10	3.0	0.52
10	50	20	3.0	1.02
10	50	40	3.0	1.96
10	50	60	3.0	3.26
10	170	10	3.0	0.63
10	170	20	3.0	1.16
10	170	40	3.0	2.03
10	170	60	3.0	3.39

从各因素对改良的 CO$_2$ 干法压裂液岩心伤害性的影响特征来看，表现为在液态条件下，随着温度的升高，压裂液对页岩地层的伤害性随之增大，主要是因为温度升高，压裂液的黏度减小，更容易滤失进入地层，从而滞留在多孔介质中的增黏剂可能会对页岩造成一定的伤害，而随着增黏剂浓度的增大，伤害性随之减小，这主要是因为在液态条件下，随着增黏剂浓度的增大，压裂液的黏度随之增加，会在页岩表面形成保护层，使压裂液不易向多孔介质深部渗滤，同时，CO$_2$ 作为一种酸性流体，对岩心具有很好的防膨作用，对岩心具有一定的保护作用。从剪切速率对伤害性的影响来看，在液态条件下，随着剪切速率的增大，压裂液对岩心的伤害性呈略微增大的趋势，其影响机制跟滤失作用机理相同，对于超临界状态时改良的 CO$_2$ 干法压裂液对页岩岩心的伤害性，同样表现为随着温度的升高和剪切速率的增大而增加。

5 压裂井筒温度压力分布研究

    水力压裂需要将地面温度的压裂液（前置液、携砂液）泵入井筒经井底进入地层，压裂液在流动过程中与周围环境发生热交换，随着压裂液在井筒流动中温度的逐渐提高，井筒周围的地层逐渐冷却，同时在注入压裂液的过程中，由于井筒内的摩阻损失，要求井口与地面设备具有相应的强度。受温度场和压力场变化的影响，压裂液的流变特性在剪切及温度和压力变化的多重作用下会产生相当大的不利影响，主要反映在压裂液黏度的降低，这不但影响水力裂缝的几何尺寸大小，而且涉及到支撑剂在裂缝中沉降速度及及铺砂浓度。

    采用 CO_2 干法压裂技术开发页岩气藏时，井筒内的温度和压力影响改良的 CO_2 干法压裂液的相态及物性参数，准确计算井筒内的温度和压力是压裂缝网模拟和压裂设计的基础，改良的 CO_2 干法压裂液在井筒内的流动是一个传热学和流体动力学的综合问题，对于 CO_2 干法压裂而言，井筒内的温度场计算必须要和摩阻压降的计算同时进行，二者之间互相影响。然而，常规的水力压裂井筒传热模型却不能描述 CO_2 干法压裂过程中温度、压力和热物性参数间相互影响的问题。因此，需建立温度压力耦合的非稳态模型对该过程进行描述，从而对干法压裂过程中的井筒温度和压力场进行研究。本章主要运用流体力学和传热学方法，基于质量守恒、动量守恒、能量守恒和传热学等相关理论，建立了改良的 CO_2 干法压裂液流动和传热双重非稳态井筒耦合模型，并采用 MATLAB 进行数值求解，分析了压裂过程中改良的 CO_2 干法压裂液在井筒内流动时温度和压力随时间的变化特征，讨论了地温梯度、压裂液排量、油管尺寸、注入压力等因素对井底温度和压力的影响规律，为后续页岩气藏干法压裂缝网模拟及工艺参数优化研究奠定基础。

5.1 井筒非稳态温度压力耦合模型

5.1.1 基本假设

假设各传热介质以油管中心呈轴对称分布，改良的CO_2干法压裂液从油管注入，环空为静止流体，针对改良的CO_2干法压裂液的流动和传热过程具体作如下基本假设：①CO_2干法压裂前，井筒内一般充满积液，经过较长时间后，积液可与地层达到热平衡，故而这里假设注液前，井筒内充满液体并与地层达到了热平衡；②由于井筒内改良的CO_2干法压裂液流速较快，压裂液在纵向上的传热变化不大，因而忽略其纵向上的传热，只考虑径向的换热；③改良的CO_2干法压裂液相对均质，为了计算的方便，假设油管内同一截面处的温度、压力和流速等参数相同；④在页岩气井筒内，以油管为中心，套管、水泥环、地层等在径向上是对称分布的，其性质(物性参数)也基本相同，这里假设以油管中心为轴，各向同性均质；⑤在CO_2干法压裂过程中，地面液态CO_2的注入温度基本是恒定的，泵注排量也是基本保持不变的，故而在此假设地面泵注排量和地面注液温度不变；⑥油套管与井径尺寸不随井深而改变；⑦干法压裂液在井筒内流动时，从地层中吸取热量，地层温度的确定对于压裂液温度场的计算至关重要，大量的探井测试资料表明，在恒温带以下，地层温度与深度满足线性关系，因而这里假设在地表$z=b$以上为恒温带，温度记为T_b，$z=b$以下地层温度随深度呈线性变化关系。

5.1.2 单元体划分

在整个压裂过程中，注入改良的CO_2干法压裂液期间井筒内各单元间(井筒内压裂液及油管)以对流换热方式发生热交换，近井壁单元控制组件间(套管、环空、水泥环及地层)则以热传导方式发生热交换，本书假设物理模型是关于油管中心呈轴对称分布的，首先对单元体进行划分，如图 5-1 所示，这里定义油管内半径为 r_{ti}，外半径为 r_{to}，套管内半径为 r_{ci}，套管外半径为 r_{co}，水泥环外半径为 r_{ce}。由于系统是以油管为中心呈轴对称分布的，所以在径向上按各独立单元进行划分，在纵向上则从井口至目的层对单元体进行等间距划分。

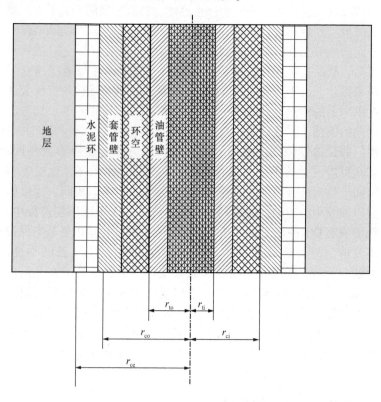

图 5-1　井筒与地层单元划分图

1）径向上单元体的划分

如图 5-2 所示，以油管为中心轴，在径向上共划分为 N 个单元体，每个单元体的面积为 $\pi(r_i^2-r_{i-1}^2)$，$(i=1, 2, \cdots, N)$。其中，$r_0=r_{ti}$，$r_1=r_{to}$，$r_2=r_{ci}$，$r_3=r_{co}$，$r_4=r_{ce}$，$r_i=ar_{i-1}$，$(i=1, 2, \cdots, N)$，a 为大于 1 的等比因子，且为常数（现取为 1.6），选择 r_N 时应满足 $(r_N+r_{N-1})/2$ 处的温度 T_N 始终与该处的原始地层温度相等，也就是说热量的传递不会波及到此处。

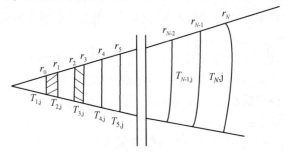

图 5-2　径向单元体划分示意图

2）纵向上单元体的划分

设目的层的深度为 H，取单元深度为 Δz，则从井口至目的层的整个深度范围内可划分为 M 个单元体段，令 $n=$ 取整（$H/\Delta z$），取

$$M=\begin{cases} n & (n \cdot \Delta z=H) \\ n+1 & (n \cdot \Delta z<H) \end{cases} \tag{5-1}$$

5.1.3　传热模型

通常情况下，在 CO_2 干法压裂现场，CO_2 的储存温度在 0℃以下，因此，改良的 CO_2 干法压裂液注入井筒时的温度比井筒周围地层的温度要低得多，压裂液在井筒内流动时逐渐被加热，从而其温度不断升高，而井筒周围的地层被冷却，其温度不断下降，如前所述，在干法压裂过程中，井筒内的传热包括了对

流换热和热传导，在整个注液过程中，井筒−地层体系的温度变化遵循能量守恒原理：

$$\boxed{\begin{array}{c}\text{单位时间系统}\\\text{内部的热量变化}\end{array}}=\boxed{\begin{array}{c}\text{单位时间流入}\\\text{系统的热量}\end{array}}-\boxed{\begin{array}{c}\text{单位时间流出}\\\text{系统的热量}\end{array}}$$

如果把井筒−地层体系沿横向和纵向划分成一系列单元体，综合各单元体的温度场，就可以得到整个体系的温度场。对井深为$[z_{j-1},\ z_j]$段处$(j=1,\ 2,\ 3,\ \cdots,\ M)$的油管单元体$\pi r_0^2\Delta H_j$和径向上各单元体进行热平衡计算，应用上述能量守恒原理。

1）油管单元体的热平衡

对于油管内单元流体而言，流体的热量来源于两个方面：一是油管上部流入的热量；二是油管壁向流体导入的热量。油管内流体热量的损失主要为油管下部流出的热量，具体的热量变化分析如下：

① 干法压裂液流进时带入的热量为：
$$Q\rho_0 c_0 T_{0,j-1}^{n+1}$$

② 干法压裂液流出时带走的热量为：
$$Q\rho_0 c_0 T_{0,j}^{n+1}$$

③由油管壁传入的热量为：
$$2\pi r_0\Delta H_j\frac{\lambda_0(T_{1,j}^{n+1}-T_{0,j-0.5}^{n+1})}{r_1-r_0}$$

④ 油管单元体在单位时间内热量变化量为：
$$\pi r_0^2\Delta H_j\rho_0 c_0\frac{T_{0,j-0.5}^{n+1}-T_{0,j-0.5}^{n}}{\Delta t}$$

综上，依据热平衡的原理，就可得出油管内热平衡的表达式为：

$$Q\rho_0 c_0 T_{0,j-1}^{n+1}-Q\rho_0 c_0 T_{0,j}^{n+1}+2\pi r_0\Delta H_j\frac{\lambda_0(T_{1,j}^{n+1}-T_{0,j-0.5}^{n+1})}{r_1-r_0}$$
$$=\pi r_0^2\Delta H_j\rho_0 c_0\frac{T_{0,j-0.5}^{n+1}-T_{0,j-0.5}^{n}}{\Delta t}\tag{5-2}$$

2）油管壁单元体积 $\pi(r_1^2-r_0^2)\Delta H_j$ 的热平衡

对于油管壁单元而言，其热量来源于从环空传入的热量，而油管壁单元热量的损失主要为油管壁传入油管内液体的热量，具体分析如下：

① 从环空传入的热量为：

$$2\pi r_1\Delta H_j\frac{\lambda_1(T_{2,j}^{n+1}-T_{1,j}^{n+1})}{r_2-r_1}$$

② 从油管壁传入油管内压裂液的热量为：

$$2\pi r_0\Delta H_j\frac{\lambda_0(T_{1,j}^{n+1}-T_{0,j-0.5}^{n+1})}{r_1-r_0}$$

③ 油管壁单元体在单位时间内的热量变化量为：

$$\pi(r_1^2-r_0^2)\Delta H_j\rho_1 c_1\frac{T_{1,j}^{n+1}-T_{1,j}^n}{\Delta t}$$

综上，根据热平衡的原理，同样可以得出油管壁单元的热平衡表达式为：

$$\beta_0 T_{0,j}^{n-1}-2(\beta_0+\beta_1+\theta_1)T_{1,j}^{n+1}+2\beta_1 T_{2,j}^{n+1}=-\beta_0 T_{0,j-1}^{n-1}-2\theta_1 T_{1,j}^n \quad (5-3)$$

3）第 i 单元的热平衡

同理对于第 i 单元有：

$$\beta_{i-1}T_{i-1,j}^{n+1}-(\beta_{i-1}+\beta_i+\theta_i)T_{i,j}^{n+1}+\beta_i T_{i+1,j}^{n+1}=-\theta_i T_{i,j}^n (i=2,3,\cdots,N-2)$$
$$(5-4)$$

联立上面(5-2)、(5-3)及(5-4)三式，就可以得出单元体的热平衡方程式，它们组成如下方程组：

$$\begin{cases}(2+A+B)T_{0,j}^{n+1}-2AT_{1,j}^{n+1}=(2-A-B)T_{0,j}^{n+1}+B(T_{0,j-1}^n+T_{0,j}^n)\\ \beta_{i-1}T_{i-1,j}^{n+1}-(\beta_{i-1}+\beta_i+\theta_i)T_{i,j}^{n+1}+\beta_i T_{i+1,j}^{n+1}=-\theta_i T_{i,j}^n(i=2,3,\cdots,N-2)\\ \beta_{N-2}T_{N-2,j}^{n+1}-(\beta_{N-2}+\beta_{N-1}+\theta_{N-1})T_{N-1,j}^{n+1}=-\theta_{N-1}T_{N-1,j}^n-\beta_{N-1}T_{N,j}^{n+1}(i=N-1)\\ \beta_0 T_{0,j}^{n+1}-2(\beta_0+\beta_1+\theta_1)T_{1,j}^{n+1}+2\beta_1 T_{2,j}^{n+1}=-\beta_0 T_{0,j-1}^{n+1}-2\theta_1 T_{1,j}^n\end{cases}$$
$$(5-5)$$

其中：$A = \dfrac{2\pi r_0 \Delta H_j \alpha_f}{Q \rho_0 c_0}$

$\qquad B = \dfrac{\pi r_0^2 \Delta H_j}{Q \Delta t}$

$\qquad \beta_0 = \dfrac{r_0 \lambda_0}{r_1 - r_0}$

$\qquad \beta_1 = \dfrac{r_1 \lambda_1}{r_2 - r_1}$

$\qquad \beta_i = \dfrac{r_i \lambda_i}{r_{i+1} - r_i} (i = 2,\ 3,\ 4,\ \cdots,\ N-1)$

$\qquad \theta_i = \dfrac{\rho_i c_i (r_i^2 - r_{i-1}^2)}{2 \Delta t} (i = 1,\ 2,\ 3,\ \cdots,\ N-1)$

式中　α_f——压裂液的对流换热系数，$W \cdot (m^2 \cdot K)^{-1}$；

$\quad Q$——压裂液的流量，$m^3 \cdot s^{-1}$；

$\quad \Delta t$——时间步长，s；

$\quad \rho_i$——径向上第 i 个单元体的密度，$kg \cdot m^{-3}$；

$\quad c_i$——径向上第 i 个单元体的比热，$J \cdot (kg \cdot K)^{-1}$；

$\quad \lambda_i$——径向上第 i 个单元体的热传导系数，$W \cdot (m \cdot K)^{-1}$。

在上面方程及方程组中，上标 n，$n+1$ 分别代表 n 和 $n+1$ 时刻。

在纵向上，任意时刻井口处的 CO_2 干法压裂液的注入温度始终等于井口第一个油管单元体的温度，同时在径向上，任意时刻外边界处单元体的温度始终等于该处的原始地层温度，也就是说热量传递不会波及到此处。因此通过以上分析可以得到边界条件为：

$$\begin{cases} T_{0,0}^{n+1} = T_{inj} (\text{注液温度}) \\ T_{N,j} = T_b + \alpha(z_j - 0.5 \Delta H_j - b) \end{cases} \qquad (5-6)$$

在初始时刻，井筒内积液与径向各单元达到热平衡，即初始时刻，在任意深度处井筒内积液及各单元的温度相同且为该处的原始地层温度，因此，初始条件可写为：

$$T_{0,j}^0 = T_{i,j}^0 = T_b + \alpha(z_j - 0.5\Delta H_j - b)(i = 1, 2, \cdots, N; j = 1, 2, \cdots, M)$$

$$(5-7)$$

其中：$z_j = \sum_{s=1}^{j} \Delta H_s (j = 1, 2, \cdots, M)$。

通过分析发现，上面方程组(5-5)构成系数矩阵对角占优势的三对角方程组，可采用"追赶法"求解，从而可以得到任意时刻、任意井深处的改良的 CO_2 干法压裂液的温度值以及井筒与地层内径向温度分布。

5.1.4　压降模型

温度和压力对改良的 CO_2 干法压裂液的密度影响较大，相应地，这也将改变井筒截面上改良的 CO_2 干法压裂液的流速，所以应将其考虑为可压缩流体处理。在压裂作业过程中，温度和压力是不断发生变化的，这将导致改良的 CO_2 干法压裂液的密度和流速随之改变，因此，结合流体的连续性方程和动量方程，可得到改良的 CO_2 干法压裂液在油管内向下流动的非稳态压降模型：

$$\frac{\partial p_0}{\partial z} = \rho_0 g - \lambda \frac{\rho_0 v_0^2}{2d_0} - \rho_0 v_0 \frac{\partial v_0}{\partial z} - \rho_0 \frac{\partial v_0}{\partial t} \qquad (5-8)$$

式中　p_0——油管内流体压力，MPa；

　　　ρ_0——油管内流体的密度，$kg \cdot m^{-3}$；

　　　λ——摩擦阻力系数；

　　　v_0——油管内流体的流速，$m \cdot s^{-1}$；

　　　d_0——油管内壁直径，m。

5.1.5　相关参数计算

1）对流换热系数

如前所述，改良的 CO_2 干法压裂液在井筒内流动时，其热物

135

性参数变化复杂，由于对流换热系数 α_f 和流体的流动状态密切相关，因此要计算对流换热系数，必须首先判断流体的流态，然后才可以计算对流换热系数。

(a) 层流

基于 Pigford 公式，圆管内层流幂律流体的对流换热系数计算关联式为[130]：

$$\alpha_f = 1.61 Re'^{1/3} Pr'^{1/3} \left(\frac{2r_0}{L}\right)^{1/3} \left(\frac{3n+1}{4n}\right)^{1/3} \left(\frac{k_f}{k_w}\right)^{0.14} \frac{\lambda_0}{2r_0} \quad (5-9)$$

(b) 紊流

非牛顿流体在圆管中湍流对流换热系数可按照牛顿流体在圆管中的湍流传热公式计算，只需要将非牛顿流体的无量纲准数代替相应的牛顿流体的准数即可[131]，因此幂律流体在圆管中湍流传热公式为：

$$\alpha_f = 0.023 Re'^{0.8} Pr'^{0.33} \left(\frac{k_f}{k_w}\right)^{0.14} \frac{\lambda_0}{2r_0} \quad (5-10)$$

其中：$Re' = \rho_0 (2r_0)^{n'} v^{2-n'} / k \cdot 8^{n'-1}$，$Pr' = c_0 k (2r_0)^{1-n} / \lambda_0 v_0^{1-n}$

式中 Re'——广义雷诺数；

  Pr'——广义普朗特数；

  n——流动指数；

  k_f——流体进出口平均温度下的稠度系数，Pa·s^n；

  k_w——管壁温度下的稠度系数，Pa·s^n；

  λ_0——流体的热传导系数，W·(m·K)$^{-1}$；

  n'——流变指数；

  k'——流变系数，Pa·s^n；

  k——稠度系数，Pa·s^n；

  c_0——比热容，J·(kg·K)$^{-1}$。

2）CO$_2$物性参数

CO$_2$热物性参数的准确获取是保证井筒温度和压力取得可靠计算结果的前提，目前计算CO$_2$物性参数的方法主要是基于立方定律和亥姆霍兹自由能进行计算[132]，例如，Span-Wagner 模型和 Vesovic 模型能较准确地计算 CO_2 热物性参数。在实际的压裂施工条件下，流体的热物性参数是随温度和压力不断变化的，因此，不能简单的将其当作常数处理。但这些方法的计算结果较实验测定值还有一定的误差，因此本书采用由美国国家标准技术研究所(NIST)研制开发的 Refprop 软件进行物性参数计算。

5.2 模型求解方法

5.2.1 模型差分离散

由上面模型建立的过程可以看出，井筒非稳态温度-压力耦合模型涉及连续性方程、动量方程和能量守恒方程，如果要精确求解模型，就需要采用温度和压力双重迭代的数值算法同时求解上述方程。由于 CO_2 流体的热物性参数是随着温度和压力不断发生变化的，这增加了迭代求解的复杂性。本书考虑了 CO_2 物性参数随温度和压力的变化及三者间的相互影响，建立了井筒非稳态温度-压力耦合模型，事实上，这种变物性耦合模型难以获得解析解，因此，只能采用数值计算方法求取其数值解。

基于 5.1.2 中单元体的划分，对井筒非稳态耦合模型控制方程进行差分离散。参考类似问题的处理方式，本书采用对空间项进行中间差分、对时间项进行向前差分的隐式差分格式。同时，为了避免求解结果出现据齿形压力分布，这里还采用了交错网格划分的方法对模型控制方程进行处理，即将速度节点布置于区域网格界面，而将其他节点布置于区域网格中心处。根据划分的区域离散网格，将井筒非稳态压降控制方程离散为：

$$\frac{p_{0,j+1/2}^{n+1} - p_{0,j-1/2}^{n+1}}{\Delta z} = \rho_{0,j}^{n+1} g - \lambda_j^{n+1} \rho_{0,j}^{n+1} \frac{(v_{0,(j+1/2)}^{n+1})^2}{2d_0} - \rho_{0,j}^{n+1} \frac{(v_{0,(j+1/2)}^{n+1} - v_{0,(j+1/2)}^n)}{\Delta t} -$$

$$\rho_{0,j}^{n+1} v_{0,(j+1/2)}^{n+1} \frac{(v_{0,(j+1)}^{n+1} - v_{0,j}^{n+1})}{\Delta z} \qquad (5-11)$$

5.2.2　编程求解方法

本书采用温度和流速双重迭代的数值算法对建立的非稳态耦合模型进行求解，即通过迭代流速确定压力，再通过迭代温度确定假设值初值。由于后续方程组的计算都需要用到前一方程组输出的结果，因此需要顺序求解耦合的井筒传热模型和井筒压降模型。首先，根据区域离散网格的划分，加载相应的边界条件和初始条件，然后再从井口开始耦合计算，直至算到井底。将上述过程的计算结果作为下一时间步的初始条件，并重复上一时间步的计算步骤，直至施工结束。在本次研究中，采用 MATLAB2010 编程进行计算。

5.3　模型计算结果及分析

由于目前缺乏页岩气藏 CO_2 干法压裂实例资料，因此本书采用表 5-1 和表 5-2 所示的基础数据做理论计算分析，其中，表 5-1 为页岩气井井身结构及作业参数，表 5-2 为页岩气井筒材料热力学参数。这里以油管注液方式为例，着重分析改良的 CO_2 干法压裂液在井筒内的相态及压裂过程中井筒内温度和压力场的变化规律。

表 5-1　井身结构及作业参数

名称	数值	名称	数值
油管内径/mm	75.9	恒温点温度/K	293.65
油管外径/mm	88.9	地温梯度/℃·m⁻¹	0.03
套管内径/mm	124	地层岩石孔隙度	0.08
套管外径/mm	139	注液时间/min	200
水泥环半径/mm	200	注液温度/K	273.15
恒温点深度/m	20	注液排量/m³·min⁻¹	3
井深/m	3000	注液压力/MPa	60

表 5-2　井筒材料热力学参数

材料	密度/kg·m⁻³	比热×10^{-4}/ kJ·(kg·K)⁻¹	热传导系数×10^{-4}/ kJ·(m·min·K)⁻¹
油管	7800	4.01	23.34
套管	7800	4.01	23.34
水泥环	1900	7.66	0.58
岩石	1500	29.18	0.735

5.3.1　井筒温度压力分布

　　基于表 5-1 和表 5-2 的基础参数，非稳态耦合模型的计算结果如图 5-3 和图 5-4 所示。图 5-3 为干法压裂过程中井底温度和压力随时间的变化曲线，从图中可以看出，在整个注入过程中，由于从井口不断向井筒内泵注低温液态 CO_2，井底压裂液的温度持续降低，由初期的 360K 降低至施工结束时的

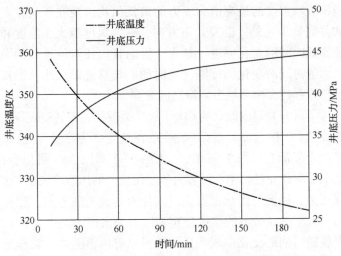

图 5-3　井底温度和压力随时间的变化曲线

320K，但井底温度始终保持在 CO$_2$ 临界温度之上。由井底压力的变化趋势可以看出，随着作业时间的推移，井底压力是不断上升的，由最初的 35MPa 上升到压裂结束时的 45MPa，由于 CO$_2$ 临界压力(7.38MPa)较低，井底压力也始终保持在临界压力之上，即泵注到井底的 CO$_2$ 始终能达到超临界态。此外，由图还可以看出，当作业时间小于 120min 时，井底压裂液的温度和压力变化幅度都较大，随着注入时间的推移，变化幅度变小，相比较而言，在压裂后期，温度的变化幅度要大于压力的变化幅度。

图 5-4 为改良的 CO$_2$ 干法压裂液温度和压力分布云图，从该图可直观地看出在整个干法压裂作业过程中注入油管的 CO$_2$ 干法压裂液在油管内不同位置处温度和压力随时间的变化情况。从图中可以看出，从井口至井底，油管内 CO$_2$ 干法压裂液的温度逐渐升高，压力逐渐降低。随着压裂作业时间的推移，油管内任意位置处的温度呈降低趋势，而压力呈增加趋势。同时，油管内压裂液温度的最高值和压力的最低值均出现在压裂作业初期的井底处。此外，沿着井筒方向，纵向深度越大，温度和压力随作业时间的变化幅度也越大，但油管内任意位置处的温度和压力随时间的变化幅度随注入时间的推移逐渐减小，即流动和传热过程逐渐由非稳态向稳态过渡。

为了研究井筒内改良的 CO$_2$ 干法压裂液的相态转变规律，这里将液态 CO$_2$ 向超临界态 CO$_2$ 转变的深度定义为临界深度。CO$_2$ 临界压力较低，仅为 7.38MPa，由图 5-3 和图 5-4 可以看出，在整个压裂作业过程中，油管内任意位置处的压力均大于 CO$_2$ 的临界压力，因此仅需从温度判断其是否达到超临界态。根据改良的 CO$_2$ 干法压裂液的温度分布云图可导出如图 5-5 所示的临界深度随时间的变化曲线，从图中可以看出，随着压裂作业时间的推移，临界深度逐渐增加，且增加幅度逐渐减小，这主要是因为井筒内任意位置处的改良的 CO$_2$ 干法压裂液的温度随着

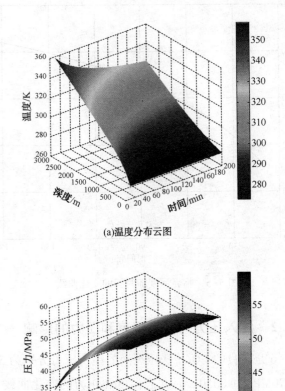

(a)温度分布云图

(b)压力分布云图

图 5-4 井筒内改良的 CO_2 干法压裂液温度和压力分布云图

时间推移逐渐降低，因而使得 CO_2 达到其临界温度的深度逐渐增加，在此算例中，作业结束时临界深度约为 2200m，因此整个压裂作业过程中油管内 2200m 以下的 CO_2 都为超临界态。

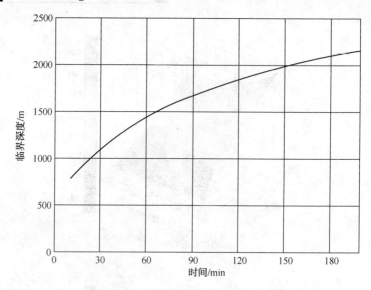

图 5-5　临界深度随时间的变化曲线

5.3.2　注入压力对井底温度和压力的影响

图 5-6 是改良的 CO_2 干法压裂液的注入压力分别为 50MPa、60MPa、70MPa 和 80MPa 时井底温度和压力的变化曲线。从图中可以看出，不同注入压力条件下井底压力呈现出较大的差异，注入压力越高，井底压力也越高，例如，当注入压力为 50MPa 时，在作业后期井底压力达到了 35MPa，当注入压力为 80MPa 时，在作业后期井底压力则达到 60MPa 以上，这也说明在干法压裂过程中，井口压力不能太低，较大的井口注入压力是获得必要井底压力的保证，同时，从井底压力的变化趋势来看，在压裂作业初期其变化幅度较大，在 120min 后，变化幅度则趋于平缓。从井底温度的变化来看，变化范围都是从 360K 到 320K，而且在不同注入压力条件下井底温度的变化幅度相对较小，不同注入压力条件下井底温度随时间的变化曲线几乎趋于重合，

说明注入压力对井底温度的影响较弱。井口注入压力主要改变改良的 CO_2 干法压裂液的密度和黏度，如第三章所述，压力对改良的 CO_2 干法压裂液有效黏度的影响较弱，因此，注入压力的升高主要导致改良的 CO_2 干法压裂液密度的增加，从而使得改良的 CO_2 干法压裂液的摩阻增加，但此时高注入压力对应的摩阻增加值小于井口压力的增大值，同时，注入压力的增加也在一定程度上增加了静液柱压力，因此，在不同注入压力条件下井底压力呈现出相对稳定的差值。因而改变井口注入压力对井底压力有显著影响，而对井底温度影响较弱。

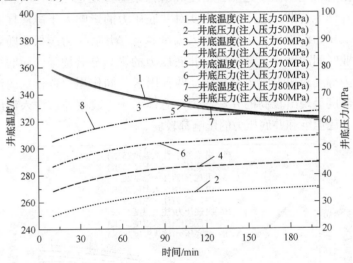

图 5-6　不同注入压力下井底温度和压力的变化

5.3.3　注入温度的影响

图 5-7 是井口注入温度分别为 253K、263K、273K 和 283K 时井底温度和压力的变化曲线。从图中可以看出，不同注入温度下的井底温度在注入初期时几乎没有差别，当压裂作业时间大于 30min 后开始呈现出一定的差异，且差异性逐渐增大，注

入温度越低，井底温度越低，当注入温度为 253K 时，在作业末期井底温度达到 318K，当注入温度为 283K 时，在作业末期井底温度则达到 323K，总体来说，注入温度对井底温度的影响较小。从井底压力的变化可以看出，在作业初期，不同注入温度下的井底压力差异也较小，且较低的注入温度所对应的井底压力较低，当施工时间大于 45min 后差异逐渐增加，且呈现出了和作业初期完全相反的变化趋势，即井口注入温度越低，井底压力越高。注入温度主要影响改良的 CO$_2$ 干法压裂液的密度和磨擦阻力，注入温度越低，密度和磨擦阻力梯度也相应越大，由于在作业初期，磨擦阻力梯度对井底压力的影响大于静液柱对井底压力的影响，因此，注入温度越低，井底压力越低。随着作业时间的推移，静液柱对井底压力的影响显著增强，而磨擦阻力梯度对压力的影响减弱，两种因素共同作用导致较低的注入温度呈现出较高的井底压力。总体看来，改变井口注入温度对井底温度和井底压力的影响都较弱。

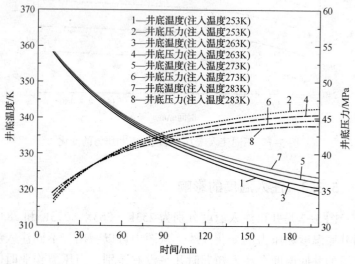

图 5-7 不同注入温度下井底温度和压力的变化

5.3.4 地温梯度的影响

图 5-8 是 地 温 梯 度 分 别 为 293K · km⁻¹、298K · km⁻¹、303K · km⁻¹和 308K · km⁻¹时井底温度和压力的变化曲线。从图中可以看出，不同地温梯度条件下的井底温度表现出了较大且较为稳定的差异，地温梯度越高，井底温度越高，当地温梯度为 293K · km⁻¹时，井底温度最高为 346K，最低为 315K，当地温梯度为 308K · km⁻¹时，井底温度最高为 384K，最低为 335K，这主要是因为地温梯度越高，在相同井深的条件下，井壁的温度就越高，因此，井筒和压裂液之间的换热量增加，从而使得井筒内的压裂液温度上升。从井底压力的变化趋势可以看出，不同地温梯度条件下的井底压力也呈现出一定的差异，但井底压力在不同地温梯度下的变化幅度相对较小，且地温梯度越高，井底压力越低。同时，由图可以看出，在压裂初期井底压力变化幅度较

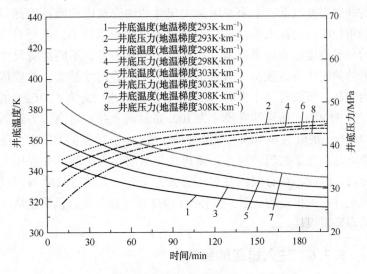

图 5-8　不同地温梯度下井底温度和压力变化

大，而后期其变化幅度逐渐减小，在压裂初期，不同地温梯度下的改良的 CO$_2$ 干法压裂液存在较大的温度和热物性参数差异，因此，压力也表现出较大差异，随着压裂时间的推移，不同地温梯度对应的井筒温度和压力差异都逐渐减小，特别是井底压力在施工后期逐渐趋于重合。综上所述，地温梯度对井底压力和温度都有较为明显的影响，相比较而言，地温梯度对井底温度的影响程度强于其对井底压力的影响程度。

5.3.5　油管尺寸的影响

图 5-9 是油管尺寸分别为 75.9mm、88.6mm 和 100.3mm 时井底温度和压力的变化曲线。从图中可以看出，不同油管尺寸条件下井底温度虽然呈现出一定的差异，但变化不大，说明油管尺寸对井底温度的影响较弱，同时，当油管尺寸持续增加时，其对井底温度的影响程度也逐渐变弱，较大的油管尺寸所对应的井底温度较低，主要原因是大尺寸的油管对应的摩擦生热量和单位时间内注入流体的强制对流换热面积都较小，从而对应的井底温度也会降低。从井底压力的变化来看，不同油管尺寸下的井底压力表现出了较大的差异，且油管尺寸越大，井底压力越高，当油管尺寸为 75.9mm 时，井底最高压力为 44MPa，最低为 34MPa，而当油管尺寸为 100.3mm 时，井底最高压力达到74MPa，最低为 68MPa。当油管尺寸增加时，改良的 CO$_2$ 干法压裂液的沿程摩擦阻力减小，使得在相同的注入条件下井底压力升高。因此，在有限的井口压力条件下，增大油管尺寸可以提高允许注入排量的上限，弥补改良的 CO$_2$ 干法压裂液低黏度造成的高摩阻损耗。

5.3.6　注入排量的影响

图 5-10 是井口注入排量分别为 $1m^3 \cdot min^{-1}$、$2m^3 \cdot min^{-1}$、$3m^3 \cdot min^{-1}$ 和 $4m^3 \cdot min^{-1}$ 时井底温度和压力的变化曲线。从图

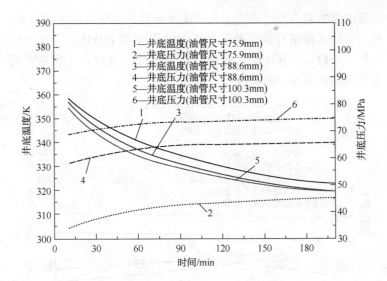

图 5-9　不同油管尺寸下井底温度和压力的变化曲线

中可以看出，注入排量对井底温度影响较为明显，不同注入排量下井底温度呈现出较大的差异，且注入排量越大，井底温度越低，例如，注入排量为 $1m^3 \cdot min^{-1}$ 时，在作业后期井底温度达到 340K，而当注入排量为 $4m^3 \cdot min^{-1}$ 时，在作业后期井底温度则为 314K，在压裂作业初期，注入油管内的改良的 CO_2 干法压裂液温度迅速上升，不同注入排量下的压裂液温度的差异性较小，随着作业时间的推移，干法压裂液温度逐渐降低，此时，排量较小的干法压裂液在油管内的流动速度较小，对流换热效率降低，但压裂液的温度变化相对较大，因而较低的注入排量对应的井底温度明显较高。从井底压力的变化来看，注入排量对井底压力的影响也较为明显，注入排量越大，井底压力越低，当注入排量为 $1m^3 \cdot min^{-1}$ 时，井底压力最高为 76MPa，最低为 73MPa，当注入排量为 $4m^3 \cdot min^{-1}$ 时，井底压力最高仅为 21MPa，最低为 6MPa，这主要是由于排量的增加使得井筒内压裂液的摩擦阻力梯度迅速增大，从而导致井底压力的大幅降低。总之，注入排量对井底温度和压力的影响都十分明显，这也给我们一个启示：在压裂过程中可以通过改变井口注入排量在较大范围内调节井底的温度和压力。

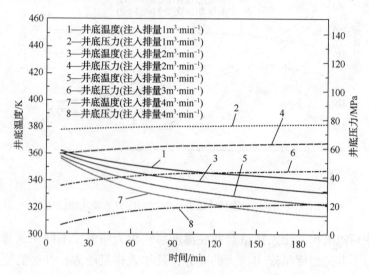

图 5-10　不同注入排量下井底温度和压力的变化曲线

5.3.7　岩性的影响

实际的页岩气储层并非完全均质，页岩气层中也常包含一些砂岩类、粉砂岩类、碳酸盐类等夹层，因此，为探讨纵向上不同岩性的差异对井筒温度和压力分布的影响规律，在此将砂岩和页岩地层条件下井底的温度和压力变化进行了对比，其物性参数详见表 5-3。图 5-11 是储层岩性分别为砂岩和页岩时井底温度和压力的变化曲线。从图中可以看出，不同岩性条件下对应的井底压力曲线几乎完全重合，仅在压裂作业后期出现了微小的差异，而井底温度曲线也是几乎重合，仅在作业后期出现较小幅度的差异，这说明储层岩性对井筒温度和压力的影响较小，因此，可以忽略页岩气储层岩性的非均质性对井筒温度和压力分布的影响。

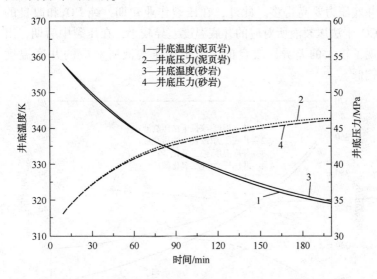

图 5-11　不同岩性条件下井底温度和压力随时间的变化

表 5-3　页岩和砂岩基础物性参数

岩石类型	密度/kg·m^{-3}	热容/J·(kg·K)$^{-1}$	导热系数×10^{-2}/W·(m·K)$^{-1}$
页岩	1500	2.92	1.40
砂岩	2200	2.69	2.81

5.3.8　纯 CO$_2$ 与改良的 CO$_2$ 干法压裂液对比分析

如第 1 章所述，CO$_2$ 的低黏度是造成其高摩擦阻力的主要原因，加入增黏剂提高了干法压裂液的黏度，也在一定程度上改善了其摩擦阻力性能。这里针对加入增黏剂前后，即纯 CO$_2$ 和改良的 CO$_2$ 干法压裂液的井底温度和压力的变化进行了对比，

图 5-12 为纯 CO_2 和改良的 CO_2 干法压裂液两种不同体系的井底温度和压力的变化曲线，从图中可以看出，增黏剂的加入改善了干法压裂液的摩擦阻力性能，改良的 CO_2 干法压裂液所对应的井底压力要高得多。此外，在压裂作业初期，纯 CO_2 和改良的 CO_2 干法压裂液所对应的井底温度差异较小，在压裂中后期，出现了较大的差异，改良的 CO_2 干法压裂液所对应的井底温度较低。

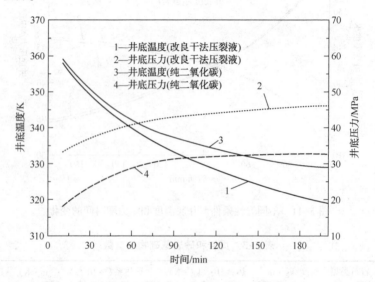

图 5-12　不同压裂液体系下井底温度和压力的变化曲线

5.3.9　极限深度的确定

由于在 CO_2 干法压裂过程中，相比于其他类型的压裂液，干法压裂液的摩擦阻力损失相对较大，因此，其在井筒中流动时的压力损失较大，井底的净压力就相对较小，在注入压力和排量等固定的情况下，对应于具体的待压裂储层，就存在一定的可作业深度，即大于该深度就无法成功压开储层，因此，分析

CO_2 干法压裂过程中的极限深度具有重要的现实意义。在此假设储层水平最小主应力梯度为 0.018MPa·m^{-1}，并将极限深度定义为某一注入压力、排量下油管内某处压力值正好与该深度处水平最小主应力值相等时的深度，并用此极限深度表征该注入压力、排量下进行压裂改造的深度上限。

图 5-13 为使用不同尺寸油管在不同注入压力下的极限深度随注入排量的变化曲线，其中极限深度大于 5000m 的点略去。如图 5-13(a) 所示，在油管尺寸为 62mm 的条件下，当排量小于 4m^3·min^{-1} 时，极限深度随注入排量的变化幅度较大，当注入排量大于 4m^3·min^{-1} 时，其变化幅度减小，并且不同注入压力下的极限深度均小于 2000m，这说明只有当排量较小时改变注入排量才会对极限深度产生显著的影响，而大排量下其对极限深度的影响非常有限，从图中可以看出，在同一油管尺寸下，注入排量越大，极限深度越小，这主要是由于较高的注入排量使得井底压力大幅降低，前面 5.3.6 中已经分析了注入排量对井底压力的影响，这里不再赘述。同时，由图还可以看出，不同注入压力下临界深度也存在较大的差异，且注入压力越大，极限深度越大，如图 5-13(a) 所示，在油管尺寸为 62mm，排量为 2m^3·min^{-1} 的条件下，注入压力 60MPa 所对应的极限深度为 2100m，而注入压力 100MPa 所对应的极限深度为 3125m，这是因为较高的井口注入压力使得井底压力有了较大的提升，前面 5.3.2 也已作了具体分析。此外，如前面 5.3.5 中所述，油管尺寸也在很大程度影响井底压力的变化，结合图 5-13(a)~(d) 可以看出，在同一注入排量和压力下，油管尺寸越大，极限深度越大，这主要是因为随着油管尺寸的增加，摩擦压降显著降低，因此，这给了现场作业一个重要启示：增大油管尺寸或提高井口注入压力是满足大排量施工的有效途径。

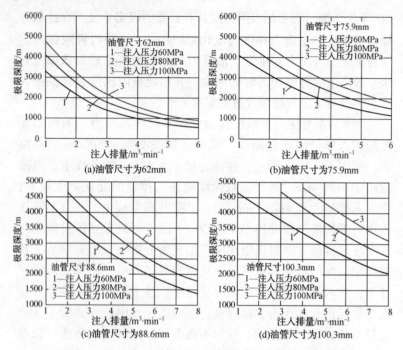

图 5-13　不同注入压力下极限深度随注入排量的变化曲线

6 页岩气藏干法压裂裂缝网络形成机制

在页岩气藏干法体积压裂过程中，人工裂缝与天然裂缝相互沟通，形成巨大的裂缝网络，从而极大地改善了页岩储层的渗透性能(图 6-1)，因此，了解缝网的形成条件、裂缝网络的形态、裂缝的宽度等对有效发挥 CO_2 干法压裂在增产、增注中的作用是很重要的。实际上，缝网形成机制与井底附近地层的地应力及其分布、岩石的力学性质、天然裂缝的形态、压裂液的性质及注入方式等密切相关。在以往的研究中，裂缝扩展过程的分析多是建立在压裂液的质量守恒和压裂系统的能量守恒以及裂缝周围岩石的线弹性变形分析基础之上的，难以表征页岩压裂改造后形成的裂缝网络特征。本章运用基于裂纹尖端应力强度因子和裂纹张开位移的断裂力学方法研究页岩干法压裂过程中裂缝网络的形成机制，采用临界排量来表征裂缝网络形成的难易程度，分析注入排量、压裂液黏度、地应力偏差、裂缝产状、页岩力学参数等因素对裂缝网络形成的影响，并研究不加砂的条件下 CO_2 干法压裂激活天然闭合裂缝的机制，以期为页岩气藏的 CO_2 干法压裂设计与实施提供科学依据。

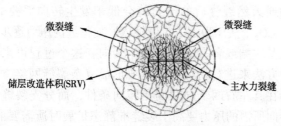

图 6-1 典型页岩气井体积压裂示意图[133]

6.1 页岩裂缝网络的形成机制

页岩CO_2干法压裂的裂缝扩展属于脆性材料的动态断裂，脆性页岩压裂采用改良的CO_2干法压裂液，经人工压裂改造后会形成高度密集的裂缝网络系统[134]，其与传统高黏度压裂液压裂改造后所形成的两条对称的双翼型裂缝具有本质的区别。依据Gale 等[135]的研究，压裂液首先从射孔孔眼进入地层，当孔眼附近的压力大于井壁附近的地应力和地层岩石的抗张强度时，水力裂缝就会形成，且水力裂缝在井筒附近沿着最大地应力方向延伸(图6-2)，即裂缝面垂直于水平最小主应力的方向，由于页岩中天然裂缝较为发育，当人工裂缝继续延伸至天然裂缝后将会形成左右两个一级分支裂缝，一级分支裂缝在延伸到其端部后会发生转向继续沿着最大地应力方向延伸，当再次遇到天然裂缝后又将形成两个二级分支裂缝(图6-2)。以此类推，在页岩CO_2干法压裂过程中，页岩水力裂缝与天然裂缝相互交错，将会形成高度密集的裂缝网络系统。

由上面分析可知，在页岩的CO_2干法压裂过程中，缝网的形成与裂缝能否成功转向密切相关，而裂缝能否发生转向则与页岩裂缝端部的应力分布及压裂液的排量或裂缝端部的净压力有关。事实上，当裂缝延伸至端部时，存在一个临界压力或临界排量，使得裂缝发生转向，此时，如果压裂液排量较小，水力裂缝在沟通天然裂缝后的压力就会低于发生转向需要的压力，只有随着CO_2干法压裂液的持续注入，使得缝内压力逐步升高直到裂缝在其左端或者右端位置发生转向，这个过程可采用断裂静力学的方法来进行研究，但是要形成复杂裂缝网络，就需要天然裂缝在其左右两端同时满足转向条件，而分支裂缝端部同时发生转向所需的压力要高于裂缝准静态扩展时所需要的压力，因此，断裂静力学方法已经不再适用，必须采用断裂动力学的

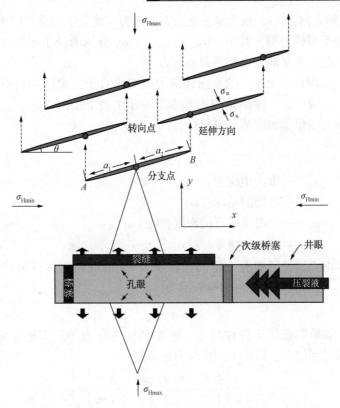

图 6-2   页岩气井体积压裂裂缝网络模型

方法来研究所需的压裂液的临界排量。对于已知地应力特征及岩石力学特征的页岩气储层，建立相应的裂缝网络模型，能够给出具体的裂缝网络形成条件，对于干法压裂的设计和实施显得尤为重要。

6.1.1   裂缝网络模型

一般情况下，地层中的岩石处于压应力状态，作用在地下岩石某单元体上的应力为垂向地应力和水平地应力(可分为两个相互垂直的地应力)，如图 6-2 所示，以最小水平地应力方向

（井轴方向）为 x，最大水平地应力方向为 y 建立坐标系，以第 n 级分支裂缝为例，其中，σ_{Hmin}、σ_{Hmax}、σ_z 分别为最小水平地应力、最大水平地应力和垂向地应力。

作用在单元体上的垂向地应力主要来自于上覆层的岩石重量，一般而言，垂向地应力基本上等于上覆岩层的重力，它的大小可以根据密度测井资料计算，一般为：

$$\sigma_z = \int_0^h \rho_s g \, \mathrm{d}z \qquad (6-1)$$

式中　σ_z——垂向地应力，Pa；

　　　h——地层的垂深，m；

　　　ρ_s——上覆层岩石的密度，kg·m^{-3}；

　　　g——重力加速度，m·s^{-2}。

由于油气层中有一定的孔隙压力 p_s（油气藏压力或流体压力），故有效垂向地应力可表示为：

$$\overline{\sigma}_z = \sigma_z - p_s \qquad (6-2)$$

如果岩石处于弹性状态，考虑到构造应力等因素的影响，可以得到最大、最小水平地应力分别为：

$$
\begin{cases}
\sigma_{Hmax} = \dfrac{1}{2}\left[\dfrac{\xi_1 E}{1-v} - \dfrac{2v(\sigma_z - \alpha p_s)}{1-v} + \dfrac{\xi_2 E}{1+v} \right] + \alpha p_s \\[3mm]
\sigma_{Hmin} = \dfrac{1}{2}\left[\dfrac{\xi_1 E}{1-v} - \dfrac{2v(\sigma_z - \alpha p_s)}{1-v} - \dfrac{\xi_2 E}{1+v} \right] + \alpha p_s
\end{cases}
\qquad (6-3)
$$

式中　ξ_1，ξ_2——水平应力构造系数，可由室内试验测试结果推算，无因次；

　　　E——岩石的弹性模量，Pa；

　　　v——泊松比；

　　　α——毕奥特（Biot）常数。

如图 6-2 所示。天然裂缝的长度记为 $2a$，则 a 为裂缝半长，水力裂缝与天然裂缝的交点将天然裂缝分为两段，a_1 为水力裂缝与天然裂缝交点到 A 点的距离，a_2 为水力裂缝与天然裂缝交

点到 B 点的距离，且 $a_1 < a_2$。A 和 B 分别为天然裂缝端部，σ_n 为作用在裂缝面上的正应力，裂缝走向与井轴的夹角为 θ，裂缝倾角为 β，裂缝的高度为 H，基于以上裂缝网络模型，下面主要运用断裂力学的方法从裂缝端部应力强度因子出发讨论裂缝转向所需的临界压力及临界排量。

6.1.2　裂缝端部应力强度因子

根据线弹性断裂力学理论，每一种类型的裂纹端部应力场的分布规律都是相同的，其大小完全取决于某一特定参数，此参数是表征裂纹端部应力场特征的唯一需要确定的物理量，因而称其为应力强度因子。采用断裂力学方法研究页岩裂缝扩展过程及裂缝转向临界条件都要求合理地计算裂缝尖端的应力强度因子，而目前又只能从有关手册和文献中查得一些特殊情况下的应力强度因子值，不便于对有关问题的模拟计算。为此，首先必须在线弹性断裂力学的基础上，建立地应力场中流体压力作用下裂缝尖端应力强度因子的近似解析表达式。

当压裂液进入天然裂缝时，缝面及裂缝端部同时受到地应力和缝内流体压力的作用，在二者共同作用下，天然裂缝张开并在其端部发生转向，因而根据断裂力学理论，这种张开型压裂裂缝为一典型的纯 I 型裂纹问题。尽管该模型中的载荷系统仍较复杂，但根据线弹性断裂力学的叠加原理，裂纹尖端处的应力强度因子可由各载荷引起的裂纹尖端处应力强度因子的叠加来得到，本书在具体求解时，利用了含半长为 a 的中心裂纹无限大板受非对称非均匀拉力作用时裂纹尖端应力强度因子的一般公式[136]：

$$K_I = \sqrt{\frac{1}{\pi a}} \int_{-a}^{a} \sqrt{\frac{a+b}{a-b}} p(b) \mathrm{d}b \qquad (6-4)$$

依据式(6-4)并代入相关参数分别计算出天然裂缝内充满压裂液时其分支裂缝左右两个端部的动态应力强度因子为：

$$K_{IA} = \sqrt{\frac{a}{\pi}} (p - \sigma_n) \left[\frac{3\pi}{4} - \arcsin(a_2/a - 1) - \frac{3\sqrt{1 - (a_2/a - 1)^2}}{2} \right]$$

$$(6-5)$$

$$K_{IB} = \sqrt{\frac{a}{\pi}} (p - \sigma_n) \left[\frac{3\pi}{4} + \arcsin(a_2/a - 1) - \frac{3\sqrt{1 - (a_2/a - 1)^2}}{2} \right]$$

$$(6-6)$$

式中 p——缝内压力/MPa；

σ_n——作用在裂缝面上的正应力/MPa，可由下式算得：

$$\sigma_n = n \begin{bmatrix} \sigma_{Hmin} & 0 & 0 \\ 0 & \sigma_{Hmax} & 0 \\ 0 & 0 & \sigma_z \end{bmatrix} n^T \qquad (6-7)$$

式中，n 为裂缝面单位法向矢量，其表达式为：

$$n = [\cos\beta\sin\theta, \cos\beta\cos\theta, \sin\beta] \qquad (6-8)$$

因此，将上式(6-8)代入式(6-7)得到正应力的表达式为：

$$\sigma_n = \sigma_{Hmin}\cos^2\beta\sin^2\theta + \sigma_{Hmax}\cos^2\beta\cos^2\theta + \sigma_z\sin^2\beta \qquad (6-9)$$

6.1.3 缝内压力分布

由上面缝端应力强度因子的表达式(6-5)和(6-6)可以看出，裂缝端部的应力强度因子与缝内压力的分布密切相关，缝内压力越大，缝端的应力强度因子越大，因此，有必要得到干法压裂过程中缝内压力的分布，阳友奎等[137]参考 KGD 解答所用的物理模型，假设裂缝纵断面为一矩形，同时，假设压裂液在裂缝内流动为 x 方向的一维层流，忽略缝内横向和铅直方向上的流动以及裂缝入口和尖端处的复杂流动，联立动量方程和连续性方程得到了缝内流体的压降方程，通过求解得到缝内压力分布的近似解析解为：

$$p = \frac{\pi\sqrt{\pi}\mu E^3 Q}{16\sqrt{a} HK_{IC}^3} F(x) + \frac{\rho_f Q^2 E^2}{432\pi a H^2 K_{IC}^2} P(x) \qquad (6-10)$$

式中　μ——压裂液的黏度，Pa·s；

　　　E——岩石的弹性模量，MPa；

　　　Q——压裂液的排量，$\mathrm{m^3 \cdot min^{-1}}$；

　　　a——裂缝半长，m；

　　　H——裂缝的高度，m；

　　　K_{IC}——岩石的断裂韧性，$\mathrm{MPa \cdot m^{1/2}}$；

　　　ρ_f——压裂液的密度，$\mathrm{kg \cdot m^{-3}}$。

由式(6-10)可以看出，缝内压力分布实质上与压裂液的黏度、流量、岩石的力学性质等密切相关，同时，在式(6-10)中，$F(x)$、$P(x)$为呈近似线性分布的函数。因此严格来说，缝内压力 p 为沿缝长分布的函数，而对细长裂缝来说，缝内压力梯度很小，因而此处在计算缝内压力时取两个函数的均值。

6.1.4　临界压力及临界排量

裂纹开始失稳扩展时的临界应力强度因子值，称为材料的断裂韧性，用符号 K_{IC} 表示，它是表示材料抗脆断能力的一个全新的材料参量，岩石的断裂韧性可用实验的方法进行测试。在得到裂缝端部应力强度因子和缝内压力分布后就可以采用裂纹动态扩展判据计算临界压力和临界排量。由式(6-5)、式(6-6)可知，裂缝两端的动态应力强度因子是不同的，B 点动态应力强度因子大于 A 点，也就是说只要裂缝端部 A 点满足裂缝转向条件则裂缝端部 B 点自动满足，所以只需满足下面关系式：

$$K_{IA} = K_{IC} \tag{6-11}$$

综合式(6-5)和式(6-11)就可以确定裂缝转向所需的缝内压力，即为临界压力，缝内压力与流体的流量满足式(6-10)，因此，根据缝内压力条件可以确定压裂液的排量，即为临界排量。事实上，以上的理论分析所考虑的仅为一级分支裂缝转向的特殊情形，对于第 n 级分支裂缝，缝内压裂液流量(Q_n)与泵的总排量(Q)的关系满足：

$$Q_n = Q/2^n \qquad (6\text{-}12)$$

因此，由（6-5）、（6-10）、（6-11）、（6-12）式可以确定 n 级分支裂缝同时转向所需的临界压力及临界排量，即使页岩压裂形成裂缝网络的临界排量，因而可以采用临界排量来定量的表征裂缝网络形成的难易程度，例如，对于给定的页岩地层条件，如果临界压力或临界排量偏大则说明裂缝网络较难形成，反之亦然。

6.1.5 影响因素分析

基于前面的裂缝网络模型及页岩裂缝网络形成的理论分析，下面通过具体实例的计算着重分析页岩气藏各地质因素对页岩裂缝网络形成的影响机制。假设页岩气藏的埋深为 2030m，水平最小地应力 σ_{Hmax}、水平最大地应力 σ_{Hmax}、垂向地应力 σ_{Hmax} 分别为 31.6MPa、43.1MPa 和 50.8MPa。根据上面的临界压力和临界排量的计算方法，主要研究了裂缝产状、天然裂缝尺寸、页岩力学性质、地应力偏差与临界排量的关系，具体讨论如下。

1）裂缝产状的影响

页岩气藏中天然裂缝较为发育，天然裂缝的存在有利于压后形成巨大的裂缝网络，天然裂缝的产状直接影响裂缝网络的形成，所谓裂缝产状主要是指裂缝的倾角以及裂缝走向与井轴的夹角，因此，这里主要研究了不同裂缝倾角和裂缝走向与井轴夹角条件下临界排量的变化规律，其中，裂缝倾角 β 的变化范围为 $0°\sim180°$，裂缝走向与井轴夹角 θ 的变化范围为 $0\sim180°$。图 6-3 为不同裂缝产状条件下临界排量的分布云图，从图中可以看出，天然裂缝的产状对临界排量影响很大，不同裂缝产状条件下的临界排量呈近似"马鞍"状分布，当 $\beta=90°$ 时，临界排量达到最大值，即形成裂缝网络的难度最大，当 $\theta=90°$，$\beta=0°$ 时，临界排量达到最小值，即形成裂缝网络的难度最小。图 6-4（a）为不同裂缝走向与井轴夹角下临界排量随倾角的变化，从图中可以看出，当裂缝倾角在 0~90°范围变化时，临界排量随倾角增大而增加，当倾角 $\beta = 90°$ 时，临界排量达到最大值为 $12.5\text{m}^3 \cdot \text{min}^{-1}$，且临界排量随倾角的变化幅度呈现先增加后减小的趋势。图 6-4(b)为不同裂缝倾角下临界排量随裂缝走向与井轴夹角的变化，从图中可看出，当裂缝倾角小于 90°时，随裂缝走向与井轴夹角的增大，临界排量先减小后增大，当裂缝走向与井轴夹角 $\theta = 90°$ 时，临界排量存在极小值，即垂直于井筒方向的裂缝临界排量最小，郭建春等[138]研究也指出，当裂缝走向与井轴夹角为 90°时，诱导应力差值更大，水平应力差异系数更小，更利于利用裂缝产生的诱导应力干扰，形成复杂裂缝。更进一步分析发现，当 $\beta = 0°$ 时，临界排量最小为 $8\text{m}^3 \cdot \text{min}^{-1}$，同时，随着裂缝倾角的增大，临界排量随裂缝走向与井轴夹角的变化幅度逐渐减小，即不同裂缝走向与井轴夹角下的临界排量

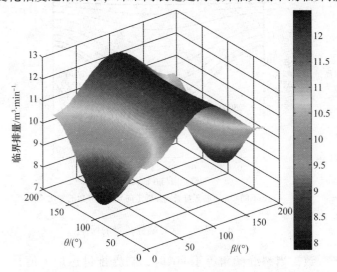

图 6-3　不同裂缝产状条件下临界排量的分布云图
（$E = 25000\text{MPa}$, $a = 8\text{m}$, $a_2 = 10\text{m}$, $K_{\text{IC}} = 1.2\text{MPa} \cdot \text{m}^{1/2}$, $n = 3$）

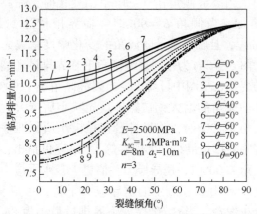

(a)不同裂缝走向与井轴夹角下临界排量随裂缝倾角的变化

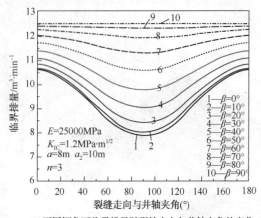

(b)不同倾角下临界排量随裂缝走向与井轴夹角的变化

图6-4　裂缝产状对临界排量的影响

趋于一致,当裂缝倾角等于90°时,临界排量达最大值且为常数。总之,临界排量受天然裂缝产状的影响较为明显,页岩气层的天然裂缝倾角 β 越接近于90°,裂缝网络越难以形成,裂缝走向与井轴夹角 θ 越接近90°,越容易形成裂缝网络。

2) 压裂液黏度的影响

如前所述，纯 CO_2 黏度较小，存在携砂能力差、滤失严重及摩阻高等问题，为此，采用加入增黏剂的方法来提高 CO_2 黏度，改良后的 CO_2 干法压裂液的黏度大幅提升，这是否会对 CO_2 的造缝能力产生影响，就需要进一步研究，因此，下面分析了不同黏度的 CO_2 干法压裂液对临界排量的影响。图 6-5 为不同裂缝倾角条件下临界排量随压裂液黏度的变化规律曲线，其中，裂缝倾角的变化范围为 $0 \sim 90°$，压裂液黏度的变化范围为 $10 \sim 46mPa \cdot s$，由图可以看出，压裂液黏度对临界排量有较大的影响，随着压裂液黏度的增加，临界排量呈现逐渐减小的趋势，当压裂液黏度为 $10mPa \cdot s$ 时，临界排量变化范围在 $10.0 \sim 12.3m^3 \cdot min^{-1}$ 之间，当压裂液黏度大于 $40mPa \cdot s$ 时，临界排量趋近于 $2m^3 \cdot min^{-1}$。同时，还可以看出，随着压裂液黏度的增加，临界排量的变化幅度逐渐减小，当压裂液黏度小于 $25mPa \cdot s$ 时，临界排量变化较快，但当压裂液黏度大于 $25mPa \cdot s$ 时，变化幅度

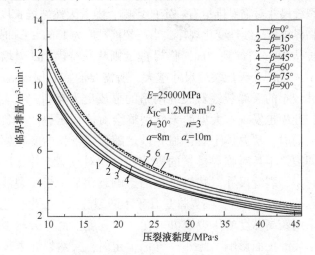

图 6-5 不同裂缝倾角下临界排量随压裂液黏度的变化

放缓，趋于水平。压裂液黏度对临界排量的影响机制主要包括以下两个方面：一方面，压裂液黏度的增加可使流体的磨擦阻力变大，因而使得压裂液在缝内的压降增大，从而裂缝内的净压力减小，最终导致形成裂缝网络所需的临界排量增加，这对页岩体积压裂起到一定的负面作用；另一方面，压裂液黏度的增加使得液体滤失量减小，从而使裂缝内的净压力增加，临界排量减小，非常有利于缝网的形成，这对页岩气层缝网的形成有一定的积极作用。因此，压裂液黏度对临界排量的影响是综合以上两方面的影响，并且从图 6-5 可以看出，第二种因素的影响占据主导地位。

3）裂缝尺寸的影响

如前所述，天然裂缝产状对临界排量有较大的影响，实际上，天然裂缝的尺寸也在一定程度上影响裂缝网络的形成，图 6-6 为天然裂缝尺寸对临界排量的影响规律曲线，其中，天然裂缝半长的变化范围为 10~20m，a_2 保持恒定，从图中可以看出，天然裂缝尺寸对临界排量有一定的影响，随着天然裂缝长度的增加，临界排量呈线性变化规律，当压裂液黏度为 15mPa·s 时，裂缝半长从 10m 增加到 20m，临界排量则从 9.6m^3·min^{-1} 增加到 13.5m^3·min^{-1}，天然裂缝尺寸越大，所需要的临界排量就越高，即尺寸较小的天然裂缝对裂缝网络的形成更为有利，在实际的压裂作业中也发现，大型的天然裂缝会对体积压裂产生负面的影响。同时，从总体上看，临界排量随裂缝半长的变化幅度较小，即裂缝半长对临界排量的影响程度相对较弱，并且压裂液黏度越小，裂缝尺寸对临界排量的影响越明显，当压裂液黏度增加到 40mPa·s 时，临界排量几乎不随裂缝尺寸发生变化，这说明采用较高黏度的压裂液可以在一定程度上消除天然裂缝尺寸对压裂的负面影响。此外，当 a_2 恒定时，天然裂缝半长 a 越小则临界排量越低，这说明水力裂缝与天然裂缝的端部相交对产生裂缝网络更为有利。

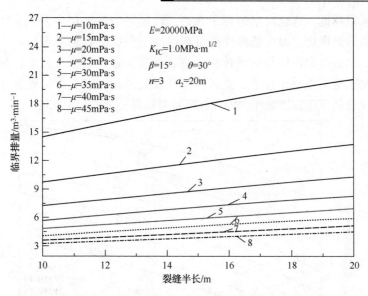

图 6-6　天然裂缝尺寸对临界排量的影响

4）岩石力学性质与临界排量的关系

正如第 2 章所述，页岩的力学性质直接影响体积压裂效果，尤其是页岩的弹性模量对缝网的形成有较大的影响，一般而言，页岩的弹性模量越大，脆性越强，越有利于缝网的形成，下面考察了弹性模量和断裂韧性对临界排量的影响。图 6-7 为临界排量与页岩断裂韧性及弹性模量的关系曲线，从图中可以看出，页岩的断裂韧性及弹性模量对临界排量影响较大，首先页岩的断裂韧性越大，临界排量就越大，当弹性模量为 35000MPa 时，断裂韧性从 1.0MPa · $m^{1/2}$ 增加到 2.8MPa · $m^{1/2}$，临界排量则从 $2m^3 · min^{-1}$ 增加到 $50m^3 · min^{-1}$，变化幅度较大，这是因为断裂韧性表征的是裂纹扩展的应力强度因子的阈值，此阈值越大，裂缝转向所需的压力或排量自然就越高，而岩石断裂韧性的变化与加载速率密切相关，因此，如何准确测定页岩的断裂韧性是今后需要重点研究的课题。由图还可以看出，页岩弹性模量越大，临界排量越低，这也定量解释了在高弹性模量脆性地层中射孔、压裂效果理想，而在低弹性模量韧性地层中压裂效果不理想的原因。虽然泊松比与临界排量没有直接的关系，但在实践中低泊松比地层更易于压裂，此外，弹性模量越大，临界排量随弹性模量的变化幅度减小，即弹性模量对临界排量的影响减弱。

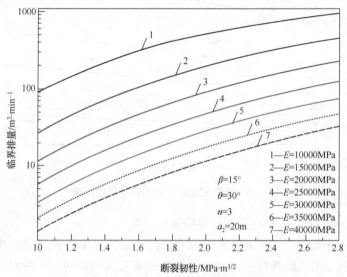

图 6-7　不同弹性模量下临界排量随页岩断裂韧性的变化

5）地应力差的影响

地应力是控制缝网延伸范围的另一主控因素，水平地应力差是指水平最大地应力 σ_{Hmax} 和水平最小地应力 σ_{Hmin} 的差值，显然，水平地应力差将直接影响裂缝的转向及裂缝网络的形成。图 6-8 为不同地应力偏差下临界排量随裂缝走向与井轴夹角的变化规律曲线，其中，裂缝走向与井轴夹角的变化范围为 0°~180°，地应力差分别为 1.5MPa，6.5MPa，11.5MPa 和16.5MPa，由图可以看出，当地应力差为 1.5MPa 时，临界排量的变化近似一条水平直线，随天然裂缝走向与井轴夹角的变化幅度很小，当裂缝走向与井轴夹角大于或小于 90°时，随着地应力差的增加，临界排量呈现增加的趋势，当天然裂缝走向与井轴夹角为 0°时，地应力差从 1.5MPa 增加到 16.5MPa，临界排量则从 10m³·min⁻¹增加到 12m³·min⁻¹，并且当裂缝走向与井轴夹角越接近 90°时，不同地应力差下的临界排量变化幅度越小，当裂缝走向与井轴的夹角为 90°时，不同地应力差下的临界排量趋于一致，为 10m³·min⁻¹。地应力偏差影响临界排量的主要原因是水平最大、最小地应力大小及偏差一定程度上决定了裂缝转向的难易程度，最大、最小地应力偏差越小，更容易使诱导应力完全改变原始的地应力场，使裂缝发生一定转向。室内实验也表明，较小的地应力差有利于体积压裂裂缝网络的形成[138]，Cipolla 等[139]通过实验研究得到，地应力差在 3MPa 以下易形成复杂裂缝，而 Sondergeld 等[140]则认为页岩储层水平地应力差<13.8MPa 有利于形成缝网。在不同页岩储层条件下，压裂形成复杂裂缝系统所需的水平地应力差范围不同，受页岩储层岩石脆性、沉积层理和天然裂缝系统等因素共同控制。

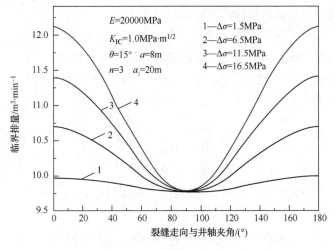

图 6-8 地应力偏差对临界排量的影响

6.2　页岩天然裂缝的滑移机制

在页岩气藏体积压裂中，将大量改良的 CO$_2$ 干法压裂液和少量的支撑剂泵入到地层中，从而使天然裂缝开启并形成了大规模缝网结构。实际上，由于改良的 CO$_2$ 干法压裂液的携砂能力较弱，支撑剂颗粒并不会均匀地分布在大规模的裂缝网络中，并且随着裂缝网络复杂性的增加，支撑剂的平均浓度将显著降低，可能在一部分的裂缝中并不会充填有支撑剂，但无支撑剂颗粒充填的裂缝在闭合后仍然会具有一定的导流能力，其主要的机理为剪切裂缝面的凸起能够有效的支撑裂缝，在闭合应力作用下仍能形成一定的残余宽度，这种自支撑效应对页岩气藏干法压裂效果将会产生重要的影响。当天然裂缝内压力较小时，作用于裂缝面上的法向正应力为压应力，裂缝处于闭合状态，同时较大的剪切应力促使缝面发生剪切滑移。本节将着重研究缝面的剪切滑移机制，主要利用岩石断裂力学理论定量分析实际压裂时影响天然裂缝面滑移的因素。

由以上分析可知，缝面滑移主要受到作用在缝面上的剪切应力的影响，因此首先考察页岩裂缝面上的剪切应力，CO$_2$ 干法压裂前作用在闭合裂缝面上的剪应力与地应力及法向正应力存在如下的关系：

$$\tau^2 = n \begin{bmatrix} \sigma_{Hmin} & 0 & 0 \\ 0 & \sigma_{Hmax} & 0 \\ 0 & 0 & \sigma_z \end{bmatrix}^2 n^T - \sigma_n^2 \qquad (6-13)$$

将裂缝面单位法向矢量表达式（6-8）代入上式（6-13）并变形得到：

$$\tau = (\cos^2\beta \sin^2\theta \sigma_{Hmin}^2 + \cos^2\beta \cos^2\theta \sigma_{Hmax}^2 + \sin^2\beta \sigma_z^2 - \sigma_n^2)^{1/2}$$

$$(6-14)$$

168

将正应力表达式(6-7)带入式(6-14)即可得到缝面剪切应力。

根据等效力系的原理，水力裂缝开启天然裂缝，剪应力释放所导致的缝面滑移量就等价于在开启的缝面上施加大小相同、方向相反的剪应力所产生的滑移量。由于这里只讨论缝面相对位移的大小，因而在本书中不区分剪应力的方向或者正负，在剪应力作用下裂缝面的滑移量由下式确定：

$$\Delta u = \frac{4000K_{\text{ⅡA}}}{G(1+\upsilon')}\sqrt{\frac{a}{2\pi}} \qquad (6-15)$$

其中：

$$K_{\text{ⅡA}} = K_{\text{ⅡB}} = \tau\sqrt{\pi a} \qquad (6-16)$$

$$\upsilon' = \upsilon/(1-\upsilon) \qquad (6-17)$$

$$G = E/2(1+\upsilon) \qquad (6-18)$$

式中 $K_{\text{ⅡA}}$——A点的Ⅱ型应力强度因子，MPa·m$^{1/2}$；

υ'——岩石的等效泊松比，无量纲；

G——剪切模量，MPa。

由此可见，天然裂缝的剪切滑移量与地应力、天然裂缝尺寸与产状、地层力学参数(弹性模量及泊松比)等密切相关，根据式(6-15)就可以对一定条件下的天然裂缝面的滑移量进行计算。为了具体分析天然闭合裂缝在剪切应力作用下的错位滑移程度，利用式(6-15)对不同裂缝产状(θ、β)、不同弹性模量(E)、不同泊松比(υ)、不同地应力偏差($\Delta\sigma$)条件下天然裂缝面在压裂过程中的错位滑移量进行了计算，这里仍然假设页岩气藏埋深为2030m，水平最小地应力σ_{Hmin}、水平最大地应力σ_{Hmax}、垂向地应力σ_z分别为31.6MPa、43.1MPa和50.8MPa。

6.2.1　天然裂缝产状的影响

这里首先分析了天然裂缝产状即裂缝的倾角以及裂缝走向与井轴的夹角对缝面滑移的影响，图6-9为裂缝产状对缝面滑移量的影响规律曲线，其中，裂缝走向与井轴夹角的变化范围为 0°~180°，裂缝倾角变化范围为 0°~50°，从图中可以看出，天然裂缝走向与井轴的夹角、裂缝倾角对缝面滑移量即激活效果影响很大，首先分析裂缝倾角的影响，当裂缝倾角很小，例如裂缝倾角为 0°时，与 10°~50°倾角的裂缝滑移相比，激活效果较差，尤其对垂直井筒方向（θ=90°）的裂缝，滑移量更小，当倾角很大并接近于 90°时（图中未画出），裂缝面的滑移量很小（<1mm），说明激活效果也较差，这说明倾角过大或过小对激活效果都是不利的，而当倾角为 40°，且裂缝走向与井轴的夹角为 90°时，缝面滑移量达到最大值且接近 10mm，由以上分析可以得出，倾角为 30°~50°的中等角度裂缝激活效果最佳，且垂直于井筒方向的裂缝滑移量达到极大值，但从整体上来说，小倾角裂缝总体滑移效果优于大倾角裂缝。如图 6-9 所示，裂缝走向与井轴的夹角对缝面滑移量的影响较大而且较为复杂，当裂缝倾角较小时，随着裂缝走向与井轴夹角的增加，缝面滑移量呈现 M 型或双凸型分布，在 θ=40°和 θ=130°附近分别存在两个极大值，而当倾角较大时，滑移量随裂缝走向与井轴夹角的变化曲线呈现单凸型分布，并在 θ=90°处存在一个极大值。

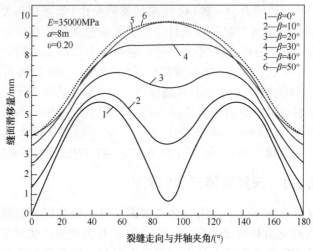

图 6-9　裂缝产状对滑移量的影响规律曲线

6.2.2 弹性模量和泊松比的影响

页岩缝面滑移量的大小与页岩的力学性质密切相关，这里主要分析了弹性模量和泊松比对滑移的影响。图 6-10 为不同弹性模量时裂缝面的滑移量随裂缝走向与井轴夹角的变化曲线，其中，弹性模量的变化范围为 10000~40000MPa，裂缝走向与井轴夹角的变化范围为 0°~180°，从图中可以看出，弹性模量对缝面滑移量的影响较为明显，弹性模量越大，裂缝面的错位滑移量越小，即弹性模量增加对裂缝滑移起抑制作用，当弹性模量大于 25000MPa 时，滑移量随弹性模量的变化福度逐渐减小。由此可以看出，弹性模量对临界排量和滑移量的影响恰好是相反的，即高弹性模量虽然有利于裂缝网络的形成，但是同时抑制了缝面的滑移程度。同时，还可以看出，不同弹性模量下的滑移量随裂缝走向与井轴夹角呈现先增加后减小的趋势，并在裂缝走向与井轴夹角为 90°时取得极大值，例如，当弹性模量为 10000MPa，裂缝走向与井轴夹角为 90° 时，缝面滑移量为 22mm。通过分析还发现，弹性模量越大，滑移量随裂缝走向与井轴夹角的变化幅度越小，当弹性模量为 40000MPa 时，滑移量随裂缝走向与井轴夹角的变化曲线接近于一条直线，即高弹性模量条件下，裂缝走向与井轴夹角对滑移的影响几乎可以忽略不计。图 6-11 为泊松比对滑移量的影响规律曲线，从图中可以看出，相对于弹性模量，地层泊松比的变化对裂缝滑移量的影响较小，随着泊松比的增加，滑移量略微减小。不同泊松比下的滑移量随裂缝走向与井轴夹角也同样呈现出先增加后减小的趋势，并在裂缝走向与井轴夹角为 90°时取得极大值，例如，当泊松比为 0.1，裂缝走向与井轴夹角为 90° 时，缝面滑移量为 5.7mm，通过以上分析可以得出，较高的弹性模量和泊松比对缝面滑移具有一定的抑制作用，相比较而言，弹性模量对滑移的影响更大。

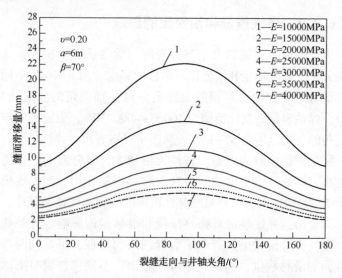

图6-10 弹性模量对滑移量的影响规律曲线

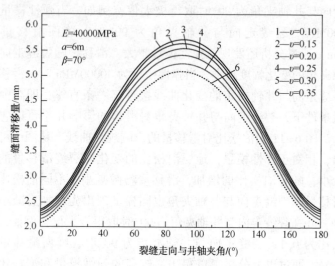

图6-11 泊松比对滑移量的影响规律曲线

6.2.3 裂缝长度的影响

6.2.1 节分析了天然裂缝产状对缝面滑移的影响，下面分析天然裂缝长度对缝面滑移的影响。图 6-12 为不同裂缝长度条件下滑移量随裂缝走向与井轴夹角的变化规律曲线，其中，裂缝走向与井轴夹角的变化范围为 0°～180°，裂缝长度的变化范围为 6～12m，由图可以看出，裂缝长度对缝面滑移量的影响较为明显，随着裂缝长度的增加，裂缝面的滑移量也呈现出增加的趋势，当裂缝走向与井轴夹角为 90° 时，裂缝长度从 6m 增加到12m，缝面滑移量则从 14mm 增加到了 29mm，这说明较长的天然裂缝更容易在压裂中被激活，这与前面 6.1.5 中裂缝长度对临界排量的影响规律恰好相反，即较长的天然裂缝有利于缝面的滑移，但并不利于裂缝网络的形成。

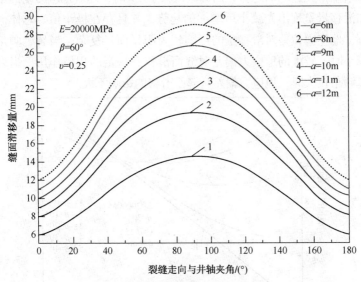

图 6-12 裂缝长度对滑移量的影响

6.2.4 地应力差的影响

如前所述，地应力偏差对临界排量有较大的影响，地应力偏差是否也会对缝面滑移产生影响还需要进一步研究。图6-13为不同裂缝倾角条件下滑移量随地应力差的变化规律曲线，其中，裂缝倾角变化范围为0°~40°，地应力偏差变化范围为3~23MPa，从图中可以看出，地应力偏差对缝面滑移量的影响较大，而且在不同裂缝倾角条件下，滑移量随地应力差的变化较为复杂，当裂缝倾角为0°时，滑移量随地应力偏差呈现线性变化关系，当地应力差为23MPa时，缝面滑移量达到了15mm，而当裂缝倾角大于0°时，滑移量随地应力偏差呈现非线性的变化关系，且当倾角大于0°而小于10°时，随着地应力偏差的增加，缝面滑移量呈单调递增的趋势，而当倾角大于10°时，随着地应力差的增加滑移量呈现出先减小后增加的趋势，并且存在极小值。总体而言，地应力偏差对滑移量的影响较为明显而且复杂，当裂缝倾角较小时，较大的地应力偏差对缝面滑移有一定的积极作用，当裂缝倾角较大时，地应力偏差对缝面滑移的影响不大。

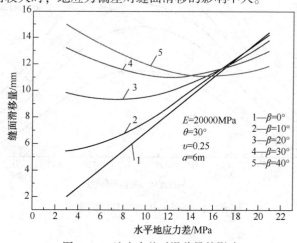

图6-13　地应力差对滑移量的影响

7 页岩气藏干法体积压裂模拟

体积压裂就是通过压裂的方式对储层实施改造，在形成一条或者多条主裂缝的同时，通过分段多簇射孔，高排量、大液量等措施的应用，实现对天然裂缝的沟通，从而实现对储层在三维方向的立体改造。体积压裂技术不但可大幅提高单井产量，还能够降低储层有效动用下限，最大限度提高储层动用率和采收率。体积压裂技术特别适用于致密油气藏和页岩气藏的改造，因此，本次研究将干法压裂技术和体积压裂技术相结合，采用 CO_2 干法体积压裂技术开发页岩气藏。

第6章针对给定天然裂缝条件下的页岩储层进行了裂缝网络形成机制的理论分析研究，事实上，对于实际页岩气藏的 CO_2 干法体积压裂而言，上述研究远远不够，尚需进行比较完整的干法压裂模拟研究。如前所述，在页岩气层进行 CO_2 干法体积压裂时，会产生一个复杂的缝网系统。而传统的水力压裂模型均基于双翼对称的裂缝理论，都假设裂缝是单一的形态，因而不适用于页岩气藏的干法体积压裂缝网系统的模拟或分析，所以需要采用专门的缝网压裂模型来模拟页岩缝网几何形态及其扩展规律。基于第4章流体性质的研究，以及第5章井筒内流体的温度和压力分布研究，本章运用离散裂缝网格模拟研究方法，采用 Meyer 软件 Mshale 模拟器，对页岩干法体积压裂复杂裂缝进行模拟研究，不仅可以更直观地看到压裂主裂缝与次生裂缝的沟通情况，而且可以计算出三维离散裂缝系统的储层改造体积，着重研究页岩储层性质对体积压裂的影响机制，初步形成了体积压裂层段优选标准，并研究压裂液排量、前置液比例等因素对储层改造体积的影响规律，优化了干法压裂工艺参数，对于体积压裂优化设计具有重要的指导意义。

7.1 体积压裂离散化缝网模型(DFN)

DFN 模型是目前模拟页岩气体积压裂复杂缝网的成熟模型之一，能够考虑裂缝干扰问题和滤失现象，可以准确地描述压裂裂缝的形态和分布范围，故本书采用离散化缝网模型 DFN(Discrete Fracture Network)对页岩气井的 CO$_2$ 干法压裂进行模拟研究和优化。如前所述，离散化缝网模型基于自相似原理及 Warren 和 Root 的双重介质模型，利用网格系统模拟解释裂缝在 3 个主平面上的拟三维离散化扩展和支撑剂在缝网中的运移及铺砂方式，通过连续性原理及网格计算方法获得压裂后缝网几何形态。下面着重介绍模型假设、数学方程、裂缝网格数目等相关基础理论。

7.1.1 DFN 模型基本假设

由于实际压裂改造后整个裂缝网络具有不规则性，如图 7-1(a)所示，很难用数学的方法对裂缝的分布进行准确地描述，所以在页岩气压裂设计中首先需要做基本假设，寻找可以替代表征裂缝网络的方法，从而实现对压裂改造范围的宏观描述。如图 7-1(b)所示，DFN 模型把整个改造储层等效为一椭球体，认为主裂缝和次生缝网共同组成复杂的裂缝网络结构。

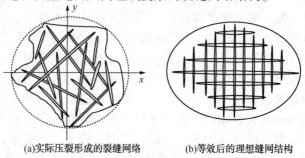

(a)实际压裂形成的裂缝网络　　　(b)等效后的理想缝网结构

图 7-1　体积压裂设计的原理图

DFN 模型的基本假设如下：①储层的改造体积为 $2a \times 2b \times h$ 的椭球体，采用笛卡尔坐标系 x-y-z 表示，x 轴与最大水平地应力（σ_{Hmax}）方向平行，y 轴与最小水平地应力（σ_{Hmin}）方向平行，z 轴与垂向地应力（σ_z）方向平行；②含有一条主缝和多条次生的裂缝，主裂缝与 σ_{Hmin} 方向垂直，在 x-z 平面内进行扩展，次生的裂缝分别与 x、y、z 轴垂直，d_x、d_y、d_z 均为缝间距；③考虑压裂液的滤失及缝间的干扰；④流体及地层不可压缩。基于上述假设，得出的 DFN 几何模型示意图如图 7-2 所示。

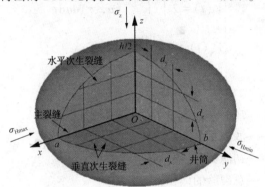

(a)三维立体图

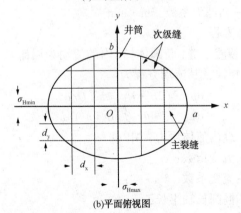

(b)平面俯视图

图 7-2　DFN 几何模型示意图

7.1.2 DFN 模型的主要方程

1）连续性方程

当考虑压裂液的滤失时，压裂液的泵入体积与其滤失的体积之差就等于缝网中所含裂缝的总体积。即：

$$\int_0^t Q(\tau)\mathrm{d}\tau - V_1(t) - V_{sp}(t) = V_f(t) \qquad (7-1)$$

其中：

$$\begin{cases} V_1(t) = 2\int_0^t\int_0^{A_{DFN}} v(a,\tau)\mathrm{d}a\mathrm{d}\tau \\ V_{sp}(t) = 2\int_0^{A_{DFN}} S_p(a)\mathrm{d}a \\ V_f(t) = V_{DFN} = \int_0^{L_{DFN}} w(\xi)h(\xi)\mathrm{d}\xi \end{cases} \qquad (7-2)$$

式中　Q——压裂液的流量，$m^3 \cdot min^{-1}$；

V_1——滤失量，m^3；

V_{sp}——初滤失量，m^3；

V_f——总裂缝的体积，m^3；

v——滤失速度，$m \cdot min^{-1}$；

S_p——初滤失系数，$m \cdot min^{-1/2}$。

2）动量方程

假设压裂液在缝（椭圆体槽）内的流动为层流，并遵循幂律流体的流动规律，其流动方程为：

$$\frac{\mathrm{d}p}{\mathrm{d}x} = -\left(\frac{2n'+1}{4n'}\right)^{n'} \frac{k'(Q/a)^{n'}}{\Phi(n')^{n'}b^{2n'+1}} \qquad (7-3)$$

式中　p——缝内流体压力，MPa；

n'——流变指数；

k'——流变系数，$Pa \cdot s^n$；

a——椭圆长轴半长，m；

b——椭圆短轴半长，m；

$\Phi(n')$——积分函数，无因次。

重新整理式(7-3)可以得到：

$$Q = \left(\frac{4n'}{2n'+1}\right)\frac{\Phi(n')ab^{2+1/n'}}{(k')^{1/n'}}\left(\frac{\Delta p}{L}\right)^{\frac{1}{n'}} \qquad (7-4)$$

而椭圆体槽的体积可表示为：

$$V = \pi abL \qquad (7-5)$$

式中 L——流体在椭圆体槽前端的长度，m。

裂缝中流体的流量 Q 为(假设在同一个等截面 πab)：

$$Q = \pi ab\frac{\Delta L}{\Delta t} \qquad (7-6)$$

将式(7-6)代入式(7-4)可得：

$$\frac{\Delta L}{\Delta t} = \left(\frac{4n'}{2n'+1}\right)\frac{\Phi(n')b^{1+1/n'}}{\pi(k')^{1/n'}}\left(\frac{\Delta p}{L}\right)^{\frac{1}{n'}} \qquad (7-7)$$

其中：ΔL 是以 Δt 为时间步长的流体的前端位置变化。

对于槽的宽度(2b)和压降来说，控制流体前端的关系为：

$$\Delta L \cdot L^{1/n'} = \left(\frac{4n'}{2n'+1} \cdot \frac{\Phi(n')}{\pi}\right)\frac{\Delta t}{(k')^{1/n'}}b^{1+1/n'}(\Delta p)^{1/n'} \qquad (7-8)$$

对于式(7-8)中不同的槽宽和压力损失时，流体前端位置为：

$$\Delta L_2 \cdot L_2^{1/n'} = \Psi \cdot \Delta L_1 \cdot L_1^{1/n'} \qquad (7-9)$$

其中：

$$\Psi = \left[\left(\frac{b_2}{b_1}\right)^{1+n'}\frac{\Delta p_2}{\Delta p_1}\right]^{\frac{1}{n'}} \qquad (7-10)$$

如果压裂液在裂缝内的流动是紊流，则其流动方程可写为：

$$\frac{\mathrm{d}p}{\mathrm{d}x} = -\frac{f}{2}\frac{\rho\langle\bar{v}\rangle^2}{d_h} = -\frac{f}{2}\frac{\rho Q^2}{\pi^3 a^2 b^3} \qquad (7-11)$$

其中：

$$\langle\bar{v}\rangle = Q/(\pi ab) \qquad d_h = \pi b \qquad (7-12)$$

179

则流量为：

$$Q = \left(\frac{2\pi^3 a^2 b^3}{f\rho} \frac{\Delta p}{L} \right)^{1/2} \qquad (7-13)$$

将式(7-6)中的槽流速代入式(7-13)中得到：

$$\Delta L \cdot L^{1/2} = \left(\frac{2\pi}{f\rho} b\Delta p \right)^{1/2} \Delta t \qquad (7-14)$$

对于式(7-14)中的不同槽宽和压力损失，流体前端的位置为：

$$\Delta L_2 \cdot L_2^{1/2} = \Psi \cdot \Delta L_1 \cdot L_1^{1/2} \qquad (7-15)$$

其中：

$$\Psi = \left(\frac{b_2 \Delta p_2}{b_1 \Delta p_1} \right)^{\frac{1}{2}} \qquad (7-16)$$

3）缝宽方程

主裂缝缝宽方程为：

$$\omega_x = \Gamma_w \frac{4(1-\upsilon^2)}{E}(p - \sigma_{\text{Hmin}} - \Delta\sigma_{xx}) \qquad (7-17)$$

假设所有垂直于 ζ 轴的次生缝缝宽相同，与主裂缝缝宽之比为 λ_ζ，则次生裂缝缝宽方程为：

$$\omega_\zeta = \lambda_\zeta \omega_x \qquad (7-18)$$

式中　　　　ω_x——主裂缝缝宽，mm；

Γ_w——功能函数；

υ——泊松比；

E——弹性模量，MPa；

σ_{Hmin}——最小水平地应力，MPa；

$\Delta\sigma_{xx}$——缝间干扰应力，MPa；

ζ 代表 x、y、z；ω_ζ——垂直于 ζ 轴的次生缝缝宽，mm；

λ_ζ——垂直于 ζ 轴的次生缝缝宽与主裂缝缝宽之比。

180

7.1.3 DFN 裂缝网格数目

对于三个主应力方向，裂缝网格的数目为：

$$\eta_\zeta = \sum_{\zeta_{\rm D}^+(i=0)}^{\zeta_{\rm D}^+(i) \,<\, \zeta_{\rm D}^+|_{\max}} + \sum_{\zeta_{\rm D}^-(i=0)}^{\zeta_{\rm D}^-(i) \,<\, \zeta_{\rm D}^-|_{\max}} \tag{7-19}$$

其中：$\zeta_{\rm D}$ 是无因次位置，在正负坐标轴，$\zeta_{\rm D}^+$ 和 $\zeta_{\rm D}^-$ 可表示为：

$$\begin{cases} \zeta_{\rm D}^+(i=0) = (1-\zeta_{\rm Dw})\Delta\zeta/(2\zeta) \\ \zeta_{\rm D}^-(i=0) = (1+\zeta_{\rm Dw})\Delta\zeta/(2\zeta) \end{cases} \tag{7-20}$$

并且 ζ 是 ζ 方向最大的裂缝范围，无因次位置为：

$$\zeta_{\rm D}(i) = \zeta_{\rm D}(i=0) + (\Delta\zeta \cdot i)/\zeta \tag{7-21}$$

在 x-z，y-z，x-y 平面内完整的裂缝数为：

$$\begin{cases} N_{\rm x} = n_{\rm x} \\ N_{\rm y} = 1 + n_{\rm y} \\ N_{\rm s} = n_{\rm s} \end{cases} \tag{7-22}$$

现举例说明上述公式的应用，假设有一个 DFN 系统，在 x-z，y-z 平面内离散裂缝间距是 $\Delta x = 100$，$\Delta y = 50$，在 x-y 平面内纵横比是 $\lambda = b/a = 1/2$，其中 $a = 1000$ 为主裂缝半长。同样假设在 x-y 平面内没有离散水平裂缝，所有的长度单位都是一致的，并假设井筒和射孔段位于网格中心（$x_{\rm Dw} = 0$，$y_{\rm Dw} = 0$，$z_{\rm Dw} = 0$）。

x 方向（x-Z 平面内）上的裂缝数目为：

$$n_{\rm y} = \frac{(b - \Delta y/2)}{\Delta y} + 1 + \frac{(b - \Delta y/2)}{\Delta y} + 1 \tag{7-23}$$

$$n_{\rm y} = 10 + 10 = 20 \ \text{或} \ N_{\rm y} = 1 + n_{\rm y} = 21 \tag{7-24}$$

y 方向（y-z 平面内）上的裂缝数目为：

$$n_{\rm x} = \frac{(a - \Delta x/2)}{\Delta x} + 1 + \frac{(a - \Delta x/2)}{\Delta x} + 1 \tag{7-25}$$

$$n_{\rm x} = 10 + 10 = 20 \ \text{或} \ N_{\rm x} = n_{\rm x} = 20 \tag{7-26}$$

7.1.4 DFN 改造储层体积

储层改造体积 SRV(Stimulated Reservoir Volume)是增产压裂设计中的一个重要参数,对于压裂层段的优选和压裂工艺参数的优化具有重要的指导意义。体积压裂一方面是要在一定的改造体积内制造更多的有效裂缝或缝网,另一方面则需要通过大规模的压裂作业扩大改造波及体积。

关于储层改造体积的计算,由于分析角度不同,不同学者给出了不同的计算方法[141,142]。储层改造体积的计算方法主要包括以下四种:①采用"通道长度"和"通道宽度"来表征裂缝扩展的长度和宽度;②SRV = "缝网长度" × "缝网宽度" × 缝高;③SRV宽度 = 2×(裂缝半长 + 裂缝间距/4), SRV 长度 = 水平井长度;④采用微地震图计算 SRV。

本书中将储层改造体积定义为:

$$V_{SR} = \int_A h(\zeta)\,\mathrm{d}\zeta = \pi ab\bar{h} \qquad (7-27)$$

式中 a——主裂缝的半长(x 方向), m;

b——y 方向上的网格延伸或短轴, m;

$\bar{h}$——改造后平均的裂缝高度, m。

从 z 方向上观察时, 改造投影的面积为 x-y 平面内的面积。

图 7-3 为油气储层单井 SRV 的发展历程。图中从左至右分别为井底爆炸、水力压裂与水平井分段压裂后的 SRV 情况。事实上, 在油气藏改造的发展过程中, 从①到③是一个油气产量不断增加的过程。虽然当时并没有提出完整的 SRV 理论, 但这个过程一直在按照不断使储层改造体积增

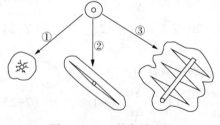

图 7-3 SRV 的发展过程

大的路线发展，这也从另外一个方面证实了 SRV 理论的正确性。

7.2 页岩储层性质对体积压裂的影响机制

　　体积压裂的关键在于形成复杂裂缝网络从而达到改善储层整体渗流能力的目的，能否形成复杂裂缝网络，取决于地质和压裂工艺两方面因素，从工艺上来说，高排量大规模压裂有利于缝网的生成，但储层本身特性决定和影响缝网的生成，主要包括三个要素：①天然裂缝；②岩石脆性；③应力条件。因此，天然裂缝的发育程度、弹性模量、水平地应力偏差、泊松比等重要的地质因素是体积压裂成功与否的关键。裂缝网络的几何形态与储层的改造体积是评价体积压裂效果的主要参考指标之一，同时对压裂优化设计、压后产能预测及经济评价也具有重要意义，因而研究相关地质因素对缝网的几何形态及改造体积的影响规律对于优选页岩气藏的 CO_2 干法压裂层段具有非常重要的意义。

　　本章以鄂尔多斯盆地的页岩储层为研究对象，选择延长油田 FX 区块 Y1 井的井身结构(图7-4)和其第一段压裂泵注程序表(表7-1)，如图 7-4 所示，页岩气井水平段长为 1500m，垂深为 2700m，采用套管射孔方式完井，如表 7-1 所示，泵注程序大致可分为三个阶段：压裂初期注入低黏度的前置液，破裂地层并形成一定规模的裂缝网络，以备后续携砂液进入，同时起到一定的降温作用，在压裂液总量中这部分比例相对较小；接着注入携砂液，主要将支撑剂带入缝网，同时也兼具造缝能力，携砂液由于需要携带密度较高的支撑剂，因此，选择改良后的黏度较高的干法压裂液，在压裂液总量中这部分比例相对较大；在压裂后期，需要注入顶替液，主要用于将井筒中全部携砂液替入裂缝中，以提高携砂液的效率和防止井筒沉砂。采用 Meyer 软件中的 Mshale 模拟器进行压裂模拟时，热传导模块和压降模块中的井底温度压力变化采用第5章的数值计算结果，液体模块中干法压裂液的流变、携砂及滤失等特性采用第4章的实验研究结果，通过压裂模拟，分别考察水平地应力差、弹性模量、泊松比和次生裂缝缝间距等因素对缝网的几何形态及储层的改造体积的影响机制，从而初步形成页岩干法体积压裂层段的优选标准。

表 7-1　CO$_2$干法压裂泵注程序表

作业阶段	液体类型	液量/m^3	排量/m^3·min^{-1}	砂浓度/kg·m^{-3}	支撑剂类型
前置液	液态 CO$_2$	80	5	0	
携砂液	改良干法	90	5	20	40/70 目陶粒
	改良干法	50	5	40	40/70 目陶粒
	改良干法	40	5	50	40/70 目陶粒
	改良干法	60	5	60	40/70 目陶粒
	改良干法	60	5	80	40/70 目陶粒
	改良干法	80	5	90	40/70 目陶粒
	改良干法	90	5	90	40/70 目陶粒
顶替液	液态 CO$_2$	30	5	0	

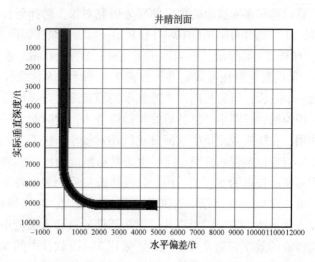

图 7-4　FX 区块 Y1 井身结构图

具体模拟参数为：研究区地温梯度为 25℃·km⁻¹，其产层厚度为 48m，产层最小水平地应力为 43MPa，水平地应力差为 3.5MPa，弹性模量为 18392MPa，泊松比为 0.25，断裂韧性为 1.0MPa·m^{1/2}。设定次生缝间距为 7m，压裂一簇，以 5m³·min⁻¹ 的排量泵入 600m³ 的压裂液，所用压裂液体系为"液态 CO_2+改良的 CO_2 干法压裂液"，支撑剂为 40/70 目低密度陶粒。

根据页岩储层基础数据和干法压裂泵注数据，利用 Meyer 压裂模拟软件计算体积压裂裂缝扩展，得到的缝网模拟结果如图 7-5 和图 7-6 所示。根据模拟结果可以看出，CO_2 干法体积压裂后的缝网呈椭圆形分布，体积压裂与常规压裂相比，带宽和改造体积明显增大，进一步分析裂缝形态发现，缝网系统仍然表现出较强的主裂缝特征，因此，该井体积压裂所形成的裂缝形态是以主缝为主、天然裂缝开启和交错为辅的缝网形式，同时，这也充分证明了改良的 CO_2 干法压裂液应用于页岩体积压裂的有效性。

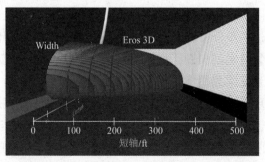

图 7-5　CO_2 干法体积压裂三维缝网正视图

从图 7-5 中可以看出，CO_2 干法体积压裂所形成的裂缝宽度较小，事实上，改造页岩气藏及致密油气藏的最终目的是在较大的空间体积上"打碎"储层，并非和常规储层一样形成较宽的具有较高导流能力的支撑裂缝。前人的研究也表明，对于致密

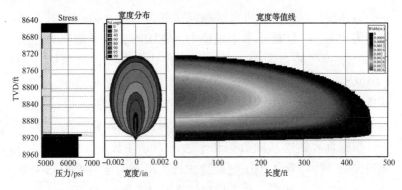

图 7-6 CO₂干法体积压裂缝宽剖面

油气层而言，储层改造体积越大，油气产量越高，由 CO_2 干法体积压裂三维缝网图可以看出，模拟缝网空间形态为：改造体积长轴半长 135m，短轴半长 120m。此外，由模拟结果也可以看出，缝网中心区域即井筒附近的页岩裂缝宽度较大，离井筒位置越远，裂缝宽度越窄，这与常规压裂表现出的缝宽变化规律相似，实际上，这与压裂过程中支撑剂的运移沉降是密切相关的。为了进一步分析裂缝宽度的变化规律，这里还作出了 CO_2 干法体积压裂缝宽剖面图，如图 7-6 所示，井筒附近支撑裂缝宽度最大，且支撑裂缝宽度沿缝长方向逐渐减小，同时，沿缝高方向也呈现出减小的趋势，当缝长大于 120m 时，缝宽趋近于 0，如前所述，在干法体积压裂过程中，改良的 CO_2 干法压裂液的携砂能力有限，支撑剂并不能在大规模裂缝网络中均匀分布，主要以砂堤、断续的支柱或单层局部等形式分布，并且随着缝网复杂性的增加，支撑剂平均浓度将显著降低，因而才会形成这种缝宽的不均匀分布。

7.2.1 水平地应力差的影响

通过第 6 章的研究发现，页岩裂缝网络形成的难易程度及裂缝面滑移程度等与水平地应力差密切相关，可以说，水平地应力差是影响页岩裂缝网络形成的关键因素。前人的研究发现，在对页岩气层、致密油气层等非常规储层进行体积压裂改造时，水平地应力差越小，越容易形成复杂的裂缝网络。下面通过页岩气层的 CO_2 干法体积压裂模拟来定量分析水平地应力差对裂缝网络形态及改造体积的影响机制。

通过鄂尔多斯盆地 FX 区块页岩力学资料可知，页岩层段水平地应力差一般在 2~7MPa 之间。通过 Meyer 压裂模拟软件模拟得到不同水平地应力差条件下裂缝网络几何形态和储层改造体积如图 7-7 和图 7-8 所示，从图 7-7 中可以看出，在其他参数不变的情况下，水平地应力差对缝网几何形态的影响较为明显，当水平地应力差大于 5MPa 时，通过 CO_2 干法体积压裂只能在页岩层段形成单一的主裂缝，而当水平地应力差小于 5MPa 时，通过 CO_2 干法体积压裂能够在页岩层段有效地形成复杂的裂缝网络。由图 7-7d~f 也可以看出，随着水平地应力差的减小，裂缝网络的形态也在逐渐发生变化，长轴半长逐渐变短，由 450m 减小到 150m，而短轴半长逐渐变长，由 15m 增加到 120m。如图 7-8 所示，较小的地应力差有利于体积压裂裂缝网络的形成，其所对应的改造体积较大，这与第 6 章中水平地应力差对临界排量的影响的研究结果一致，当水平地应力差较大时(大于 6MPa)，通过体积压裂不能有效地形成复杂裂缝网络，获得的储层改造体积很小。而当水平应力差小于 5MPa 时，通过体积压裂成功的在地层中形成了复杂裂缝网络，储层改造体积迅速增大，最终压裂储层改造体积约为单一主裂缝的 10 倍以上。值得注意的是，当水平地应力差小于 5MPa 时，储层改造体积并不是随着水平地应力差的减小持续增加，而是当水平地应力差小于 3MPa 后逐渐趋于平缓。

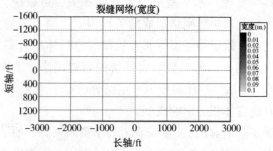

(a)水平地应力差为7MPa,单一主裂缝,未形成有效裂缝网络

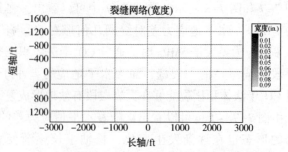

(b)水平地应力差为6MPa,单一主裂缝,未形成有效裂缝网络

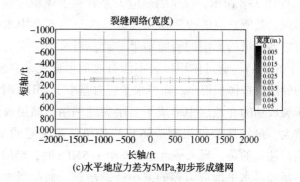

(c)水平地应力差为5MPa,初步形成缝网

图 7-7 不同水平地应力差条件下缝网几何平面图

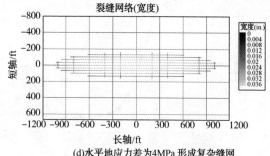

(d)水平地应力差为4MPa,形成复杂缝网

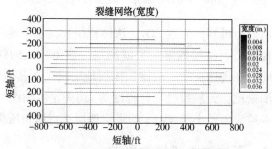

(e)水平地应力差为3MPa,形成复杂缝网

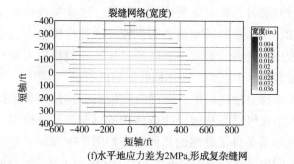

(f)水平地应力差为2MPa,形成复杂缝网

图 7-7　不同水平地应力差条件下缝网几何平面图(续)

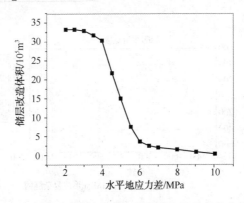

图 7-8　储层改造体积随水平地应力差的变化曲线

由上面分析可知，通过 CO$_2$ 干法体积压裂在水平地应力差较小的页岩地层更容易形成复杂裂缝网络，获得较大的储层改造体积。因此，在优选页岩干法体积压裂地层时，在其他因素(弹性模量、泊松比、天然裂缝发育程度等)均满足的情况下，应优先选择水平地应力差小于5MPa 的页岩地层进行体积压裂。

7.2.2　页岩弹性模量的影响

页岩储层岩石具有显著的脆性特征，这是实现体积压裂的物质基础。第6 章的研究也表明，较高的弹性模量有利于页岩干法体积压裂缝网的形成，下面通过体积压裂模拟来研究页岩弹性模量对缝网形态和改造体积的影响机制。

首先保持泊松比恒定，通过改变岩石的弹性模量来探究其对裂缝网络几何形态和储层改造体积的影响，最终模拟得到不同的弹性模量条件下缝网的几何形态如图 7-9 所示。将固定泊松比，不同的弹性模量条件下的 CO$_2$ 干法体积压裂所形成的裂缝网络结构进行对比发现，当弹性模量小于 20000MPa 时，页岩地层较难形成复杂的裂缝网络结构，同时储层改造体积偏小。当弹性模量增加时，形成的裂缝网络变得更加复杂，且次生裂缝的条数变多，从而可以更好地沟通天然裂缝，则通过体积压裂就能够形成复杂裂缝网络。

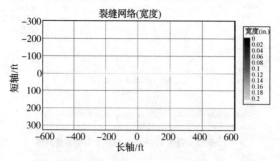

(a)弹性模量为10000MPa,单一主裂缝,未形成有效裂缝网络

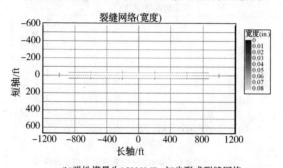

(b)弹性模量为15000MPa,初步形成裂缝网络

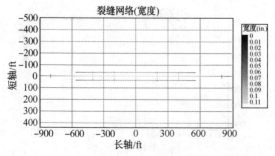

(c)弹性模量为20000MPa,初步形成裂缝网络

图7-9　不同弹性模量条件下缝网几何平面图

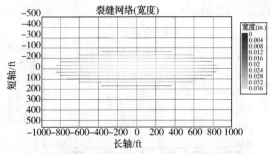

(d)弹性模量为30000MPa,形成复杂的裂缝网络

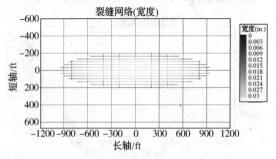

(e)弹性模量为40000MPa,形成复杂的裂缝网络

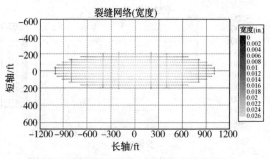

(f)弹性模量为50000MPa,形成复杂的裂缝网络

图 7-9　不同弹性模量条件下缝网几何平面图(续)

储层改造体积与弹性模量的关系曲线如图 7-10 所示，从图中可以看出，储层岩石弹性模量越大，越利于体积压裂形成复杂大型的缝网结构，但当弹性模量大于 40000MPa 时，其对储层改造体积的影响程度变弱。因此，从地质因素分析，高强度的岩石地层，即脆性较高的地层更适合体积压裂，更容易形成较为复杂的裂缝网络，综合缝网几何形态和储层改造体积变化可知，对页岩气层进行 CO_2 干法体积压裂时，应优先选择弹性模量大于 20000MPa 的地层。

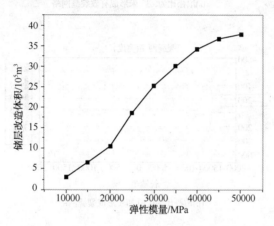

图 7-10　储层改造体积随弹性模量的变化曲线

7.2.3　泊松比的影响

在以上研究弹性模量影响的基础上，下面保持弹性模量恒定，通过改变岩石的泊松比来探究其对缝网几何形态和储层改造体积的影响规律。模拟得到不同泊松比下的缝网几何形态和储层改造体积分别如图 7-11 和图 7-12 所示。首先对比在恒定的弹性模量及不同的泊松比条件下干法体积压裂形成的缝网结构，当泊松比大于 0.27 时，页岩地层较难形成复杂的裂缝网络结构，同时干法体积压裂的储层改造体积也较小，而当泊松比

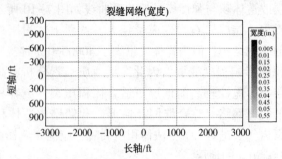

(a)泊松比为0.33,未形成有效裂缝网络

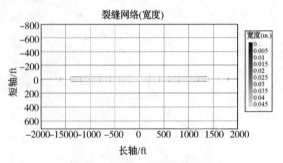

(b)泊松比为0.30,初步形成裂缝网络

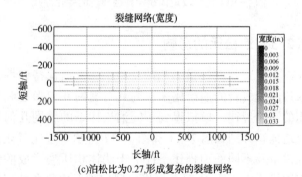

(c)泊松比为0.27,形成复杂的裂缝网络

图7-11 不同泊松比条件下缝网几何平面图

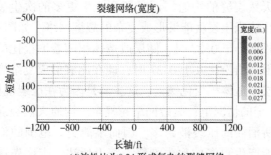

(d)泊松比为0.24,形成复杂的裂缝网络

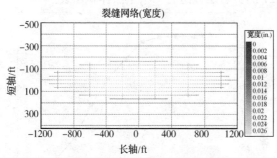

(e)泊松比为0.21,形成复杂的裂缝网络

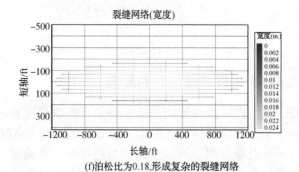

(f)泊松比为0.18,形成复杂的裂缝网络

图7-11　不同泊松比条件下缝网几何平面图(续)

逐渐减小时，容易形成裂缝网络，而且缝网较为复杂，不但可以实现对天然裂缝的沟通，而且还会产生更多的次生裂缝，从而通过干法体积压裂就能够形成复杂的裂缝网络。如图 7-12 所示，当泊松比小于 0.27 时，储层改造体积随着泊松比的减小迅速增加，但当泊松比大于 0.27 时，即在能够形成复杂裂缝网络以后，储层改造体积变化缓慢，这主要是因为在压裂规模（压裂液总量）一定的情况下，裂缝网络越复杂，沟通天然裂缝及形成次生裂缝所消耗的压裂液越多，因而不能更大范围的沟通天然裂缝，不能产生更多的次生裂缝。综上所述，应优先选择泊松比小于 0.27 的页岩层段进行 CO_2 干法体积压裂。

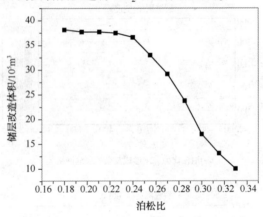

图 7-12　储层改造体积随泊松比的变化曲线

7.2.4　次生裂缝缝间距的影响

实现干法体积压裂改造的前提条件是天然裂缝发育状况及能否产生复杂的裂缝网络。下面通过体积压裂模拟来探究天然裂缝发育程度对裂缝网络形成及储层改造体积的影响规律。通过模拟得到的裂缝网络几何形态如图 7-13 所示。从图中可以看出，当次生缝间距小于 8m 时，通过干法体积压裂可以形成复杂的裂缝网络，同时获得的储层改造体积也较大，而当次生缝间

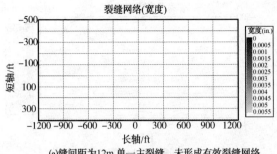

(a)缝间距为12m,单一主裂缝，未形成有效裂缝网络

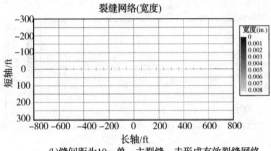

(b)缝间距为10m,单一主裂缝，未形成有效裂缝网络

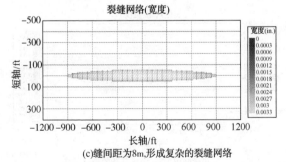

(c)缝间距为8m,形成复杂的裂缝网络

图 7-13　不同缝间距条件下缝网几何形态图

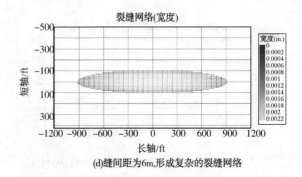

(d)缝间距为6m,形成复杂的裂缝网络

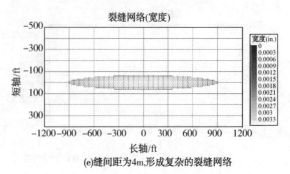

(e)缝间距为4m,形成复杂的裂缝网络

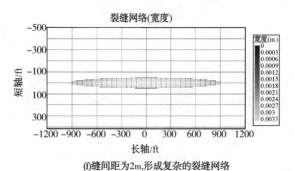

(f)缝间距为2m,形成复杂的裂缝网络

图7-13 不同缝间距条件下缝网几何形态图(续)

距大于 8m 时，通过体积压裂不能形成复杂裂缝网络，因此，当其他的因素均满足时，页岩气层的天然裂缝发育程度越高，则通过干法体积压裂就越容易形成复杂的裂缝网络。次生缝间距与储层的改造体积的关系曲线如图 7-14 所示，从图中可以看出，在形成复杂裂缝网络的前提下，并不是缝间距越小，改造体积就越大，当缝间距大于 6m 时，改造体积随着缝间距的减小呈现出增加的趋势，而当缝间距小于 6m 时，缝间距越小，通过体积压裂获得的储层改造体积越小，这主要是因为在压裂模拟时，干法压裂液的泵注体积是相同的，天然裂缝发育程度越高，用于扩展天然裂缝的压裂液越多，而用于扩展水力裂缝的压裂液越少，水力裂缝就越短，使得水力裂缝不能在更大地层范围内沟通天然裂缝，因此，通过体积压裂获得的最终储层改造体积较小。因此，在天然裂缝发育程度较高的页岩地层，应适当增大干法压裂液的用量。

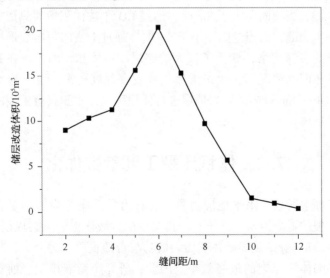

图 7-14　储层改造体积随次生缝间距的变化曲线

7.2.5 页岩储层体积压裂层段的优选

基于 Meyer 软件模拟，分析得到了页岩气层 CO_2 干法体积压裂过程中各地质因素对裂缝网络形态和储层改造体积的影响机制，对鄂尔多斯盆地 FX 地区页岩储层干法体积压裂层段进行了优选。优选结果如下：

(1) 在地应力差较小的页岩地层更容易形成复杂裂缝网络，获得较大的储层改造体积。在岩石弹性模量、泊松比、天然裂缝发育程度等其他因素均满足的情况下，应优先选择水平地应力差在 5MPa 以下的页岩地层进行 CO_2 干法体积压裂。

(2) 弹性模量越大，泊松比越小越有利于干法体积压裂形成复杂的大型缝网结构，获得较大的储层改造体积，在对页岩地层实施 CO_2 干法体积压裂时，应优先选择弹性模量大于 20000MPa 和泊松比小于 0.27 的页岩地层。

(3) 当缝间距大于 8m 时，通过 CO_2 干法体积压裂只形成了单一主裂缝，而当缝间距小于 8m 时，通过干法体积压裂形成了复杂的裂缝网络，获得了较大的储层改造体积。因此，在其他条件相同的情况下，优选天然裂缝发育程度较高，可开启裂缝缝间距在 8m 以内的页岩地层进行体积压裂，才能获得更大的储层改造体积。

7.3 体积压裂工艺参数优化

如上所述，水平地应力差、岩石力学性质等为影响页岩体积压裂的地质因素，而压裂液排量、前置液比例、压裂规模(压裂液总量)等则是影响体积压裂成功与否的重要人为因素，将直接影响体积压裂的最终效果。因此，研究压裂液排量、前置液比例、压裂液总量等对储层改造体积和缝长的影响规律，对于体积压裂优化设计具有重要的指导意义。本节主要通过控制其他参数不变，分别改变压裂液排量，前置液比例、压裂液使用总量和砂比来研究其对储层改造体积和缝长的影响规律，进而为体积压裂工艺参数优化设计提供依据。

7.3.1 压裂模拟

这里依然根据 Y1 井的井身结构、井眼轨迹，假定地层参数分别为：水平地应力为 43MPa，水平地应力差为 3.5MPa，弹性模量为 18392MPa，泊松比为 0.25，断裂韧性为 $1.0MPa \cdot m^{1/2}$，次生缝间距为 7m。由于缺乏 CO_2 干法体积压裂改造后的产量数据，因而很难对页岩气层的裂缝参数进行优化，这里在假定支撑缝长为 245m 的优化设计方案的基础之上，进一步作体积压裂工艺参数优化研究，着重对 Y1 井第一段实施压裂改造，按表 7-2 所示的泵注程序来模拟研究其压裂效果。压裂模拟后得到如图 7-15 和图 7-16 的裂缝网络分布，从图中可以看出，缝网主缝长约为 212m，带宽为 90m，总缝高平均为 84m。下面从压裂液排量、前置液比例、压裂液总量、砂比四个方面重点考察各工艺参数对缝网特性的影响机制，从而得到最佳体积压裂工艺参数。

表 7-2 Y1 井压裂泵注程序表

施工阶段	液体类型	液量/m^3	排量/$m^3 \cdot min^{-1}$	砂浓度/$kg \cdot m^{-3}$	支撑剂类型
前置液	液态 CO_2	85.0	3.0	0	
携砂液	改良干法	25.0	3.0	30	40/70 目陶粒
	改良干法	30.0	3.0	40	40/70 目陶粒
	改良干法	45.0	3.0	50	40/70 目陶粒
	改良干法	60.0	3.0	60	40/70 目陶粒
	改良干法	70.0	3.0	70	40/70 目陶粒
	改良干法	80.0	3.0	80	40/70 目陶粒
	改良干法	90.0	3.0	90	40/70 目陶粒
顶替液	液态 CO_2	80.0	3.0	0	

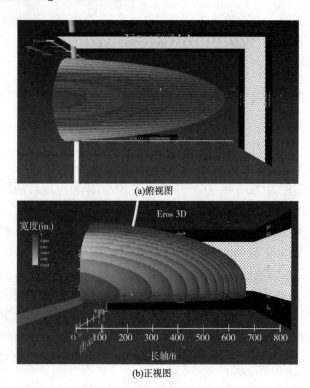

(a)俯视图

(b)正视图

图 7-15 CO₂干法体积压裂三维缝网图

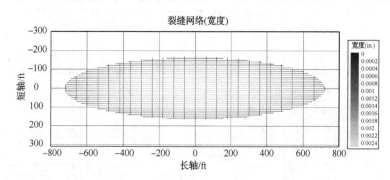

图 7-16 CO₂干法体积压裂缝网平面图

7.3.2 排量优化

排量是影响体积压裂效果的重要因素，同时也是压裂过程中的可控因素之一。已有研究表明，压裂液排量越大，裂缝净压力越大，越容易形成复杂的裂缝网络。但是在实际的压裂作业过程中，排量受到诸多因素的影响，例如压裂管线、压裂泵等施工设备制约压裂液排量，使排量不可能无限制增大。根据现场压裂经验，油田目前能达到的最大施工排量一般为 $10m^3 \cdot min^{-1}$ 左右。通过改变 Y1 井第一段泵注程序表中的压裂液排量，对比不同排量下的缝网特性，从而对压裂液排量进行优化研究，这里压裂液排量取 $4 \sim 12m^3 \cdot min^{-1}$，变化间隔为 $0.5m^3 \cdot min^{-1}$。通过模拟得到不同排量下的裂缝网络特性如图 7-17 所示。

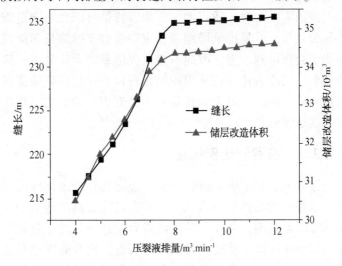

图 7-17 不同排量下的裂缝长度和储层改造体积

从图中可以看出，不同压裂液排量下的裂缝半长和储层改造体积有明显的差异，裂缝半长最大为 236m，最小为 216m，随着排量的增加，裂缝的支撑缝长先迅速增加，当排量从 $4m^3 \cdot min^{-1}$

增加到 8m^3 · min^{-1} 时，裂缝半长从 216m 增加 235m，但当排量大于 8m^3 · min^{-1} 后，裂缝半长变化缓慢，排量达到 12m^3 · min^{-1} 时，裂缝半长增至 236m。储层改造体积与裂缝支撑缝长有相同的变化趋势，当排量从 4m^3 · min^{-1} 增加到 8m^3 · min^{-1} 时，储层改造体积从 30.52×10^{5}m^3 增加到 34.35×10^{5}m^3，其后随着排量的增加，储层改造体积增幅减小，当排量达到最大为 12m^3 · min^{-1} 时，改造体积增至 34.61×10^{5}m^3。一方面，压裂液排量增加，其进入裂缝中的速度增大，导致压裂裂缝中流体压力增大，压裂裂缝遇到天然裂缝，压裂裂缝尖端区域更容易发生应力偏转，近井筒地带的沟通范围更大，这也是页岩压裂采用大排量水力压裂的初衷[2,3]；但另一方面，压裂液总液量是一定的，因而形成的裂缝网络体积是有限的。通过以上分析可知，当压裂过程中的其他因素不变时，适当增加压裂液排量可以在一定范围内改善压裂效果，但是排量增加到一定程度时支撑缝长和储层改造体积不会再得到改善，因此不能仅仅依靠增大排量来提高支撑缝长和储层改造体积，从模拟结果可以看出，压裂液排量最大可选 8m^3 · min^{-1}，过大的排量并不会有更好的效益，相应的工程难度也会更大。

7.3.3　前置液比例优化

　　前置液的主要作用是破裂地层并造出具有一定几何尺寸的裂缝，以备后续的携砂液进入。同时在温度较高的地层中，其还起到降温的作用，来保证携砂液具有较高的黏度。前置液量确定压裂作业过程中所能获得的裂缝长度，故而前置液对造出所需的缝长来说是非常关键的，并且前置液还要使裂缝保持一定的张开宽度，从而使后续支撑剂能够顺利进入。前置液量决定了在支撑剂达到端部前可以获得多少裂缝的穿透深度。一旦前置液耗尽，裂缝可能在宽度窄的裂缝区内桥塞，因此，只有泵注充足的前置液量才能造出预期的缝长。综上，合理的前置

液量是优化设计的基础和保证压裂作业成功的前提。通过改变
Y1井第一段泵注程序中的前置液比例，对比不同前置液比例下
的裂缝网络特性，从而进行前置液比例的优化研究，其中，原
设计中前置液比例为17.5%，这里取前置液的比例为11%～
35%。通过模拟得到的不同前置液比例下的缝网特性如图7-18
所示。

从图中可以看出，在不同前置液比例条件下，裂缝半长和
储层改造体积有较大的差异，随着前置液比例的增加，缝长呈
现近似线性增加的趋势，并且当前置液比例为35%时，缝长达
到247m。储层改造体积与缝长具有相同的变化趋势，且当前置
液比例为35%时，储层改造体积达到36.73×10^{5}m^3。通过以上分
析可知，当泵注程序中其他因素不变时，缝长和储层改造体积
会随着前置液比例的增加而增加，前置液比例可在很大程度上
影响体积压裂效果，而且通过模拟发现，为使支撑缝长达到
245m获得最优产量，应该在原泵注程序中增加前置液比例
至35%。

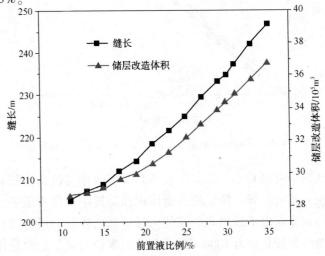

图7-18　不同前置液比例下的裂缝半长及改造体积

7.3.4 压裂液总量优化

压裂液总量是影响储层改造体积的关键参数。在体积压裂中，通过增大压裂液总量，从而获得较长的水力裂缝，以更好地连通并扩展天然裂缝，形成复杂裂缝网络，从而增大储层改造体积。针对 Y1 井第一段泵注程序仅做压裂液总量的改变，对比不同压裂液总量下的裂缝网络特性，从而对体积压裂的压裂液总量进行优化研究，其中，原设计中压裂液总量为 586m^3，这里取压裂液总量为 300~1000m^3。通过模拟得到的不同压裂液总量下的裂缝网络特性如图 7-19 所示。

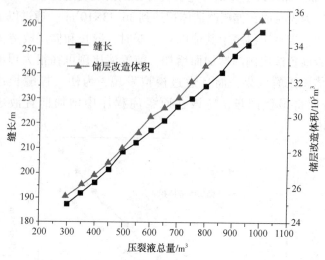

图 7-19 不同压裂液总量下的裂缝半长及储层改造体积

从图中可以看出，不同压裂液总量下的储层改造体积和裂缝半长有较大差异，储层的改造体积和裂缝半长随着压裂液总量的增加呈现出不断增大的趋势，且呈现出较好的线性变化关系。当压裂液总量为 1000m^3 时，裂缝的半长与储层的改造体积分别达到 257m 和 35.52×10^5 m^3，在其他条件均满足的情况下，增大压裂液的总量可以有效增加储层的改造体积，而且为了使缝长达到245m而得到最优的产量，应该将原来设计的泵注程序中的压裂液液量增加至900m³。然而，在实际体积压裂作业过程中，当压裂液总量不断增加时，一方面使得压裂作业时间延长，从而增加了裂缝尖端脱砂或砂堵的风险，使得体积压裂的成功率有所降低；另一方面则会导致压裂作业的经济成本上升，因此，基于页岩地层的性质，根据目标改造体积和缝长对压裂液总量进行优选是压裂设计中必须遵循的原则。

7.3.5 砂比优化

砂比是体积压裂中的可控因素，也是影响储层改造体积的重要参数。体积压裂所需要的支撑剂粒径较小，这是因为压裂液的黏度较低，若支撑剂粒径太大则会引起压裂液无法有效携带。但是为了使压后裂缝具有一定的导流能力，一般在体积压裂过程中，支撑剂的加入采用砂比逐级增加的方式。取压裂液总量和前置液百分比一定，对Y1井第一段泵注程序表仅做砂比的改变，取平均砂比为1%~13%进行压裂模拟，其中，原设计中平均砂比为6%，对比不同砂比条件下的缝网特性，从而进行砂比的优化研究。通过模拟得到的不同砂比下的裂缝网络特性如图7-20所示。

从图7-20可以看出，砂比对缝长和储层改造体积均有一定程度的影响，但影响程度相对较弱，随着平均砂比的增加，裂缝缝长及裂缝网络体积呈现先增大后降低的趋势，且裂缝长度和裂缝网络体积在砂比为9%时达到最大值，分别为218m和32.17×10⁵m³。当砂比大于9%时，缝长和储层改造体积开始减小，因为随着砂比的增加，裂缝内支撑剂增多，但是前置液确定的情况下其所造缝的体积是确定的，所以裂缝中无法进入更多的支撑剂，同时，随着砂比的增加，在宽度较窄的裂缝容易造成砂堵，影响裂缝网络的进一步扩展，从而导致出现这种现象。因此，综合各方面的因素考虑，最优平均砂比的范围是8%~10%。

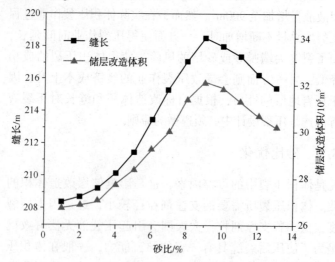

图 7-20　裂缝半长和储层改造体积随砂比的变化

附录 误差及不确定度分析

实验过程中难免会产生各种误差。通常把测量值与真实值之差称为绝对误差，而将绝对误差与真实值之比称为相对误差。误差根据来源可分为粗大误差、系统误差和随机误差。基于误差理论可以对实验测量结果进行不确定度分析。不确定度一般是指测量参数误差可能出现的范围，以单次直接测量为例，如果已经知道仪表的精度，则误差范围的最大值就是仪表允许的偏差，即仪表的精度和量程最大值的乘积。不确定度本质上是一个统计变量，它基于某一个选定的置信概率。不确定性分析是评估单个直接测量参数的不确定度对间接测量参数计算结果的影响。在不确定度分析中，误差通常分为精度和偏差，其中精度是指误差分析中的随机误差，而偏差为误差分析中的系统误差。根据不同计算模式对精度和偏差进行合成，可以得到测量结果的不确定度。本书采用按照均方根法进行精度和偏差合成的计算方法，不确定度的置信概率取 95%。

若以 X 表示真实值，$\overline{X}$ 表示测量值，U 表示不确定度，P 表示置信概率，则测量结果可以表示为：

$$X = \overline{X} \pm U \qquad\qquad (\text{附录-1})$$

若用 S 表示测量精度，B 表示测量偏差，则不确定度 U 可通过下式计算：

$$U = \sqrt{S^2 + B^2} \qquad\qquad (\text{附录-2})$$

式中，测量精度 S 的计算公式为：

$$S = \frac{\sqrt{\sum_{j=1}^{N}(X_j - \overline{X})^2}}{N - 1} \qquad\qquad (\text{附录-3})$$

对于间接测量参数 φ，若它是 M 个直接测量参数的函数，则有：

$$\varphi = \varphi(X_1, X_2, \cdots, X_M) \qquad (\text{附录}-4)$$

此时，采用算术合成法求得绝对误差传递公式为：

$$\delta\varphi = \left|\frac{\partial\varphi}{\partial X_1}\right|\delta X_1 + \left|\frac{\partial\varphi}{\partial X_2}\right|\delta X_2 + \left|\frac{\partial\varphi}{\partial X_3}\right|\delta X_3 \qquad (\text{附录}-5)$$

相对误差传递公式为：

$$\frac{\delta\varphi}{\phi} = \left|\frac{\partial\ln\varphi}{\partial X_1}\right|\delta X_1 + \left|\frac{\partial\ln\varphi}{\partial X_2}\right|\delta X_2 + \left|\frac{\partial\ln\varphi}{\partial X_3}\right|\delta X_3 \qquad (\text{附录}-6)$$

本书取置信概率 $P=95\%$，通过计算得到了各个测量值的最大相对不确定度。

1）质量测量

日本岛津公司的 AW220 电子分析天平，量程为 220g，精度为 0.1mg，实验测量误差 ≤0.2%。

2）温度测量

实验装置中反应流体的温度采用 K 型铠装热电偶进行测量，热电偶保护管材质为不锈钢316，直径为 5mm，热电偶的量程为 0~1173K。经校准测量反应流体温度的热电偶最大偏差为 ±1173×0.25% = ±2.93K，测量管外壁温度的热电偶最大偏差为 ±0.5K。热电偶输出的信号送入二次仪表进行显示，二次仪表的显示误差小于 0.5K。实验中，流体最低温度为 273K，则流体温度的最大相对不确定度为：

$$\frac{\delta T}{T} = \frac{\sqrt{2.93^2+0.5^2}}{273} = 1.0\% \qquad (\text{附录}-7)$$

3）压力测量

实验装置中压力通过压力表进行测量，根据压力表的显示值调节控制系统的压力。压力表表头直径为 100mm，测量精度为 ±0.25%，量程范围为 0~40MPa。因此，压力测量值的最大偏差为 40MPa×0.25% = 0.1MPa。

若取压力较大的工况，工作压力 $p = 35\text{MPa}$，则相对误差为：

$$\frac{\delta p}{p} = \frac{0.1}{35} = 0.28\% \qquad \text{（附录-8）}$$

若取压力较小的工况，工作压力 $p = 10\text{MPa}$，则相对误差为：

$$\frac{\delta p}{p} = \frac{0.1}{10} = 1.0\% \qquad \text{（附录-9）}$$

4）压差测量

在实验测试中，压差测量统一采用日本 EJA 公司生产的高静压差压传感器，其测量精度为 ±0.075%，量程范围为 0 ~ 20kPa。因此，压差测量值的最大偏差为 20kPa × 0.075% = 0.015kPa。实验中采用的测量段管径分别为 4mm、6mm 和 8mm，长度为 1m，若取压差较小的工况，测量压差 $\Delta p = 1.0\text{kPa}$，则相对误差为：

$$\frac{\delta(\Delta p)}{\Delta p} = \frac{0.015}{1.0} = 1.5\% \qquad \text{（附录-10）}$$

5）流量测量

实验中液体流量的计量主要是通过流量计来实现的，流量计的测量精度为 ±0.25%，量程范围为 0 ~ 200L·h⁻¹，因此，流量计测量值的最大偏差为 200L·h⁻¹ × 0.25% = 0.5L·h⁻¹。

若取流量较大的工况，流量 $Q = 150\text{L·h}^{-1}$，则相对误差为：

$$\frac{\delta Q}{Q} = \frac{0.5}{150} = 0.3\% \qquad \text{（附录-11）}$$

若取流量较小的工况，流量 $Q = 100\text{L·h}^{-1}$，则相对误差为：

$$\frac{\delta Q}{Q} = \frac{0.5}{100} = 0.5\% \qquad \text{（附录-12）}$$

6）有效黏度

基于以上直接测量值，对于间接测量值中的有效黏度，涉及的实验测量值有压差和流量。其计算公式如下所示：

$$\eta_e = \dfrac{\dfrac{\Delta p D}{4L}}{\dfrac{8\overline{U}}{D}}$$ （附录-13）

可以看出，上式中有两个直接测量值，由误差传递公式得到：

$$\frac{\delta \eta_e}{\eta_e} = \left| \frac{\partial \ln \eta_e}{\partial (\Delta p)} \right| \delta(\Delta p) + \left| \frac{\partial \ln \eta_e}{\partial \overline{U}} \right| \delta \overline{U}$$ （附录-14）

将有效黏度计算公式代入上式并结合流速公式，取流量较大的工况，则相对误差为：

$$\frac{\delta \eta_e}{\eta_e} = \frac{\delta(\Delta p)}{\Delta p} + \frac{\delta Q}{Q} = 1.8\%$$ （附录-15）

若取流量较小的工况，流量 $Q = 100 L \cdot h^{-1}$，则相对误差为：

$$\frac{\delta \eta_e}{\eta_e} = \frac{\delta(\Delta p)}{\Delta p} + \frac{\delta Q}{Q} = 2\%$$ （附录-16）

7）摩擦阻力系数

对于间接测量值中的摩阻系数，同样涉及的实验测量值有压差和流量。其计算公式如下所示：

$$\lambda = \frac{2\Delta p D}{\rho_f L \overline{U}^2}$$ （附录-17）

可以看出，上式中有两个直接测量值，由误差传递公式可得：

$$\frac{\delta \lambda}{\lambda} = \left| \frac{\partial \ln \lambda}{\partial (\Delta p)} \right| \delta(\Delta p) + \left| \frac{\partial \ln \lambda}{\partial \overline{U}} \right| \delta \overline{U}$$ （附录-18）

将有效黏度计算公式代入上式并结合流速公式，取流量较大的工况，则相对误差为：

$$\frac{\delta\lambda}{\lambda}=\frac{\delta(\Delta p)}{\Delta p}+\frac{2\delta Q}{Q}=2.1\% \qquad (\text{附录}-19)$$

若取流量较小的工况，流量 $Q=100\text{L}\cdot\text{h}^{-1}$，则相对误差为：

$$\frac{\delta\lambda}{\lambda}=\frac{\delta(\Delta p)}{\Delta p}+\frac{2\delta Q}{Q}=2.5\% \qquad (\text{附录}-20)$$

参 考 文 献

[1] 肖钢, 唐颖. 页岩气及其勘探开发[M]. 北京: 高等教育出版社, 2012: 169-178.

[2] 莫里斯·杜索尔特, 约翰·麦克力兰, 蒋恕. 大规模多级水力压裂技术在页岩油气藏开发中的应用[J]. 石油钻探技术, 2011, 39(3): 6-16.

[3] 唐颖, 唐玄, 王广源等. 页岩气开发水力压裂技术综述[J]. 地质通报, 2011, 30(2): 393-399.

[4] Palisch TT, Vincent M, Handren PJ. Slickwaterfracturing: food for thought [J]. SPE Production & Operations, 2008, 25(3): 327-344.

[5] Denney D. Thirty years of gas-shale fracturing: what have we learned? [J]. Journal of Petroleum Technology, 2015, 62(11): 88-90.

[6] Olsson O, Weichgrebe D, Rosenwinkel KH. Hydraulic fracturing wastewater in Germany: composition, treatment, concerns[J]. Environmental Earth Sciences, 2013, 70(8): 3895-3906.

[7] 柯研, 王亚运, 周晓珉等. 页岩气开发过程中的环境影响及建议[J]. 环境保护, 2012, 30(3): 87-89.

[8] Charoensuppanimit P, Mohammad SA, Gasem KAM. Measurements andmodeling of gas adsorption on shales [J]. Energy Fuels, 2016, 30(3): 2309-2319.

[9] Denney D. CO_2-EOR mobility and conformance control: 40 years of research and pilot tests[J]. Journal of Petroleum Technology, 2015, 65(1): 89-91.

[10] Desimone JM, Maury EE, Menceloglu YZ, et al. Dispersion polym-erizations in supercritical carbon dioxide[J]. Science, 1994, 265(5170): 356-359.

[11] Desimone JM, Guan Z, Elsbernd CS. Synthesis offluoropolymers in supercritical carbon dioxide[J]. Science, 1992, 257(5072): 945-947.

[12] Xu J, Wlaschin A, Enick RM. Thickening carbon dioxide with the fluoroacrylate-styrene copolymer[J]. SPEJournal, 2003, 8(2): 85-91.

[13] Wang Y, Hong L, Tapriyal D, et al. Design and evaluation of nonfluorous

CO_2-soluble oligomers and polymers. [J]. Journal of Physical Chemistry B, 2009, 113(45): 14971-14980.

[14] Heller JP, Dandge DK, Card RJ, et al. Directthickeners for mobility control of CO_2 floods[J]. SPE Journal, 1985, 25(5): 679-686.

[15] Iezzi A, Enick R, Brady J. Directviscosity enhancement of carbon dioxide [J]. Supercritical Fluid Science and Technology, 1989, 406 (10): 122-139.

[16] Shi C, Huang Z, Beckman E, et al. Semifluorinated trialktyltin fluorides and fluoroether telechelic ionomers as viscosity enhancing agents for carbon dioxide[J]. Industrial & Engineering Chemistry Research, 2001, 40(3): 1841-1853.

[17] Gullapalli P, Tsau JS, Heller JP. Gelling behavior of 12-hydroxystearic acid in organic fluids and dense CO_2 [C]//SPE International Symposium on Oilfield Chemistry, San Antonio, Texas: Society of Petroleum Engineers, February 14-17, 1995.

[18] Paik I-H, Tapriyal D, Enick R, et al. Fiber formation by highly CO_2-soluble bisureas containing peracetylated carbohydrate groups[J]. Angewandte Chemie, 2007, 46(18): 3284-3287.

[19] Trickett K, Xing D, Enick R, et al. Rod-like micelles thicken CO_2 [J]. Langmuir, 2010, 26(1): 83-88.

[20] Enick R, Karanikas C, Bane S, et al. The high CO_2-solubility of per-acetylated α-, β- and γ- cyclodextrin[J]. Fluid Phase Equilibria, 2003, 211(2): 211-217.

[21] Hong L, Thies MC, Enick R. Global phase behavior for CO_2-philic solids: the CO_2 + β-$_D$-maltose octaacetate system[J]. Journal of Supercritical Fluids, 2005, 34(1): 11-16.

[22] Weaire D. The rheology of foam[J]. Current Opinion in Colloid & Interface Science, 2008, 13(3): 171-176.

[23] Reidenbach VG, Harris PC, Lee YN, et al. Rheological study of foam fracturing fluids using nitrogen and carbon dioxide[J]. SPE Production Engineering, 1986, 1(1): 31-41.

[24] Khade S, Shah S. Newrheological correlations for guar foam fluids[J]. SPE

215

Production & Facilities, 2004, 19(2): 77-85.

[25] Harris PC, Pippin PM. High ratefoam fracturing: fluid friction and perforation erosion[J]. SPE Production & Facilities, 2000, 15(1): 27-32.

[26] Sun X, Wang SZ, Bai Y, et al. Rheology and convective heat transfer properties of borate cross – linked nitrogen foam fracturing fluid[J]. Heat Transfer Engineering, 2011, 32(1): 69-79.

[27] Sun X, Liang XB, Wang SZ, et al. Experimental study on the rheology of CO_2 viscoelastic surfactant foam fracturing fluid[J]. Journal of Petroleum Science and Engineering, 2014, 119(3): 104-111.

[28] Luo XR, Wang SZ, Wang ZG, et al. Experimental research on rheological properties and proppant transport performance of GRF-CO_2 fracturing fluid [J]. Journal of Petroleum Science and Engineering, 2014, 120 (8): 154-162.

[29] Luo XR, Wang SZ, Wang ZG, et al. Experimental investigation on rheological properties and friction performance of thickened CO_2 fracturing fluid [J]. Journal of Petroleum Science and Engineering, 2015, 133: 410-420.

[30] 卢拥军, 方波, 江体乾等. CO_2泡沫压裂液粘弹性与触变性的表征研究[J]. 天然气工业, 2005, 25(7): 78-80.

[31] 杨胜来, 邱吉平, 何建军等. 高温高压下CO_2泡沫压裂液摩阻计算研究[J]. 石油钻探技术, 2007, 35(6): 1-4.

[32] Gu M, Mohanty KK. Rheology of polymer – free foam fracturing fluids [J]. Journal of Petroleum Science and Engineering, 2015, 134: 87-96.

[33] Harris PC, Heath SJ. Rheology of crosslinked foams[J]. SPE Production & Facilities, 1996, 11(2): 113-116.

[34] Enzendorfer C, Harris RA, Valko P, et al. Pipeviscometry of foams [J]. Journal of Rheology, 1995, 39(2): 345-358.

[35] 陈彦东, 卢拥军. CO_2泡沫压裂液的流变特性研究[J]. 钻井液与完井液, 2000, 17(2): 25-27.

[36] Craft JR, Waddell SP, Mcfatridge DG, et al. CO_2 foam fracturing with methanol successfully stimulates canyon gas sand[J]. SPE Production Engineering, 1992, 7(2): 219-225.

[37] Herman JN. Rheology of cross-linked polymers and polymer foams: theory and experimental results [D]. Detroit: Wayne State University, 2015: 46-57.

[38] Cipolla CL, Meehan DN, Stevens PL, et al. Hydraulicfracture performance in the Moxa Arch Frontier formation [J]. SPE Production & Facilities, 1996, 11(11): 216-222.

[39] Hannah RR, Harrington LJ. Measurement of dynamic proppant fall rates in fracturing gels using a concentric cylinder tester [J]. Journal of Petroleum Technology, 1981, 33(5): 909-913.

[40] Babcock RE, Prokop CL, Kehle RO. Distribution of propping agents in vertical fractures [J]. Producers Monthly, 1967, 2(3): 11-18.

[41] Roodhart LP. Proppantsetting in non-Newtonian fracturing fluids [C]// SPE/DOE Low Permeability Gas Reservoirs Symposium, Denver, Colorado: Society of Petroleum Engineers, March 19-22, 1985.

[42] Peter V, Economides MJ. Foam-proppant transport [J]. SPE Production and Facilities, 1997, 2(1): 244-249.

[43] Ali F. A comprehensive wellbore stream/water flow model for steam injection and geothermal applications [J]. Society of Petroleum Engineers Journal, 1981, 21(5): 527-534.

[44] 毛伟, 梁政. 气井井筒压力、温度耦合分析 [J]. 天然气工业, 1999, 19(6): 66-69.

[45] 王海柱, 沈忠厚, 李根生. 超临界 CO_2 钻井井筒压力温度耦合计算 [J]. 石油勘探与开发, 2011, 38(1): 97-102.

[46] Durrant AJ, Thambynayagam R. Wellbore heat transmission and pressure drop for steam/water injection and geothermal production: A simple solution technique [J]. SPE Reservoir Engineering, 1986, 1(2): 148-162.

[47] Hasan AR, Kabir CS. Heat transfer during two-phase flow in wellbores: part I—formation temperature [C]//SPE Annual Technical Conference and Exhibition, Dallas, Texas: Society of Petroleum Engineers, October 6-9, 1991.

[48] Hagoort J. Ramey's wellbore heat transmission revisited [J]. SPE Journal,

2004, 9(4): 465-474.

[49] 杨谋, 孟英峰, 李皋等. 钻井全过程井筒-地层瞬态传热模型[J]. 石油学报, 2013(2): 366-371.

[50] 位云生, 胡永全, 赵金洲. 井筒与地层非稳态换热数值计算方法[J]. 天然气工业, 2005, 25(11): 66-68.

[51] 钟海全, 刘通, 李颖川等. 考虑地层非稳态传热的井筒流体温度预测简化模型[J]. 岩性油气藏, 2012, 24(4): 108-110.

[52] 宋洵成, 管志川, 韦龙贵等. 保温油管海洋采油井筒温度压力计算耦合模型[J]. 石油学报, 2012, 33(6): 1064-1067.

[53] Raymond LR. Temperature distribution in a circulating drilling fluid [J]. Journal ofPetroleum Technology, 1969, 21(3): 333-341.

[54] 王鸿勋, 张士诚. 水力压裂设计数值计算方法[M]. 北京: 石油工业出版社, 1998: 104-117.

[55] Abou-Sayed AS, Sinha KP, Clifton RJ. Evaluation of the influence of in-situ reservoir conditions on the geometry of hydraulic fractures using a 3D simulator. Part1. Technical approach [C]//SPE Unconventional Gas Recovery Symposium, Pittsburgh, Pennsylvania: Society of Petroleum Engineers, May 13-15, 1984.

[56] Lam KY, Cleary MP, Barr DT. Acomplete three-dimensional simulator for analysis and design of hydraulic fracturing[C]//SPE Unconventional Gas Technology Symposium, Louisville, Kentucky: Society of Petroleum Engineers, May 18-21, 1986.

[57] Clifton RJ, Abousayed AS. Avariational approach to the prediction of the three-dimensional geometry of hydraulic fractures [C]//SPE/DOE Low Permeability Gas Reservoirs Symposium, Denver, Colorado: Society of Petroleum Engineers, May 27-29, 1981.

[58] Cleary MP, Michael K, Lam KY. Development of afully three-dimensional simulator for analysis and design of hydraulic fracturing[C]//SPE/DOE Low Permeability Gas Reservoirs Symposium, Denver, Colorado: Society of Petroleum Engineers, March 14-16, 1983.

[59] 张平, 赵金洲. 水力压裂裂缝三维延伸数值模拟研究[J]. 石油钻采工艺, 1997, 19(3): 53-59.

［60］郭大立，纪禄军，赵金洲等. 煤层压裂裂缝三维延伸模拟及产量预测研究［J］. 应用数学和力学，2001，22（4）：337-344.

［61］张汝生，王强，张祖国等. 水力压裂裂缝三维扩展 ABAQUS 数值模拟研究［J］. 石油钻采工艺，2012，6：69-72.

［62］Guo T, Zhang SC, Qu ZQ, et al. Experimental study of hydraulic fracturing for shale by stimulated reservoir volume［J］. Fuel，2014，128（14）：373-380.

［63］Taleghani AD. Fracture re-initiation as a possible branching mechanism during hydraulic fracturing［C］//44th U. S. Rock Mechanics Symposium and 5th U. S. -Canada Rock Mechanics Symposium, Salt Lake City, Utah：American Rock Mechanics Association, June 27-30, 2010.

［64］王涛，高岳，柳占立等. 基于扩展有限元法的水力压裂大物模实验的数值模拟［J］. 清华大学学报：自然科学版，2014，10：1304-1309.

［65］肖晖. 裂缝性储层水力裂缝动态扩展理论研究［D］. 成都：西南石油大学，2014：39-56.

［66］Olson JE, Multi-fracture propagation modeling：applications to hydraulic fracturing in shales and tight gas sands［C］//The 42nd U. S. Rock Mechanics Symposium, San Francisco, California：American Rock Mechanics Association, June 29- July 2, 2008.

［67］Meyer B, Bazan L, Jacot R, et al. Optimization ofmultiple transverse hydraulic fractures in horizontal wellbores［C］//SPE Unconventional Gas Conference, Pittsburgh, Pennsylvania：Society of Petroleum Engineers, February 23-25, 2010.

［68］Meyer BR, Bazan LW. Adiscrete fracture network model for hydraulically induced fractures theory, parametric and case studies［C］//SPE Hydraulic Fracturing Technology Conference, The Woodlands, Texas：Society of Petroleum Engineers, January 24-26, 2011.

［69］杜林麟，春兰，王玉艳等. 页岩储层水力压裂优化设计［J］. 石油钻采工艺，2010，32：130-132.

［70］程远方，李友志，时贤等. 页岩气体积压裂缝网模型分析及应用［J］. 天然气工业，2013，33（9）：53-59.

［71］Schettler PD, Parmely CR, Schettler PD, et al. Contributions to total storage capacity in Devonian shale[C] // SPE Eastern Regional Meeting, Lexington, Kentucky: Society of Petroleum Engineers, October 22-25, 1991.

[72] Lu XC, Li FC, Watson AT. Adsorption measurements in Devonian shales [J]. Fuel, 1995, 74(4): 599-603.

[73] Boboye OA, Nzegwu UA. Evaluation of bio-molecular signatures and hydrocarbon potential of upper Cretaceous shale, NE Nigeria[J]. Journal of African Earth Sciences, 2014, 99: 490-516.

[74] Nuttal BC, Eble C, Bustin RM, et al. Analysis of Devonian black shales in kentucky for potential carbon dioxide sequestration and enhanced natural gas production[J]. Office of Scientific & Technical Information Technical Reports, 2005: 2225-2228.

[75] Zhang T, Ellis GS, Ruppel SC, et al. Effect of organic-matter type and thermal maturity on methane adsorption in shale-gas systems[J]. Organic Geochemistry, 2012, 47(6): 120-131.

[76] Jarvie DM, Hill RJ, Ruble TE, et al. Unconventional shale-gas systems: the Mississippian Barnett shale of north-central Texas as one model for thermogenic shale-gas assessment[J]. AAPG Bulletin, 2007, 91(4): 475-499.

[77] Ross DJK, Bustin RM. Impact of mass balance calculations on adsorption capacities in microporous shale gas reservoirs[J]. Fuel, 2007, 86(17-18): 2696-2706.

[78] Chalmers GRL, Bustin RM. Lower Cretaceous gas shales in northeastern British Columbia, part I: geological controls on methane sorption capacity [J]. Bulletin of Canadian Petroleum Geology, 2008, 56(1): 1-21.

[79] Aringhieri R. Nanoporositycharacteristics of some natural clay minerals and soils[J]. Clays & Clay Minerals, 2004, 52(6): 700-704.

[80] Cheng AL, Huang WL, Cheng AL, et al. Selective adsorption of hydrocarbon gases on clays and organic matter[J]. Organic Geochemistry, 2004, 35 (4): 413-423.

[81] Ji L, Zhang T, Milliken KL, et al. Experimental investigation of main controls to methane adsorption in clay-rich rocks[J]. Applied Geochemistry, 2012, 27(12): 2533-2545.

[82] Ross DJK, Bustin RM. The importance of shale composition and pore structure upon gas storage potential of shale gas reservoirs[J]. Marine & Petroleum Geology, 2009, 26(6): 916-927.

[83] 张志英, 杨盛波. 页岩气吸附解吸规律研究[J]. 实验力学, 2012, 27(4): 492-497.

[84] 李武广, 杨胜来, 陈峰等. 温度对页岩吸附解吸的敏感性研究[J]. 矿物岩石, 2012, 32(2): 115-120.

[85] Chareonsuppanimit P, Mohammad SA, Robinson RL, et al. High-pressure adsorption of gases on shales: measurements and modeling [J]. International Journal of Coal Geology, 2012, 95(2): 34-46.

[86] Kang SM, Fathi E, Ambrose RJ, et al. Carbon dioxide storage capacity of organic-rich shales[J]. SPE Journal, 2013, 16(4): 842-855.

[87] Weniger P, Kalkreuth W, Busch A, et al. High-pressure methane and carbon dioxide sorption on coal and shale samples from the Paraná Basin, Brazil[J]. International Journal of Coal Geology, 2010, 84(3-4): 190-205.

[88] 孙宝江, 张彦龙, 杜庆杰等. CO_2在页岩中的吸附解吸性能评价[J]. 中国石油大学学报, 2013, 37(5): 95-99.

[89] Rexer TF, Mathia EJ, Aplin AC, et al. High-pressure methane adsorption and characterization of pores in posidonia shales and isolated kerogens [J]. Energy Fuels, 2014, 28(5): 2886-2901.

[90] 郭为, 熊伟, 高树生等. 温度对页岩等温吸附/解吸特征影响[J]. 石油勘探与开发, 2013, 40(4): 481-485.

[91] Ross DJK, Bustin RM. Characterizing the shale gas resource potential of Devonian-Mississippian strata in the Western Canada sedimentary basin: application of an integrated formation evaluation [J]. AAPG Bulletin, 2008, 92(1): 87-125.

[92] Barrett EP, Joyner LG, Halenda PP. The determination of pore volume and area distributions in porous substances. I. computations from nitrogen isotherms[J]. Journal of the American Chemical Society, 2014, 24(4): 207-216.

[93] Horvath G, Kawazoe K. Method for calculation of effective pore size distribution in molecular sieve carbon[J]. Journal of Chemical Engineering of Ja-

221

pan, 1983, 16(6), 470-475.

[94] Curtis JB. Fractured shale-gas systems[J]. AAPG Bulletin, 2002, 86 (11): 1921-1938.

[95] Chalmers GRL, Bustin RM. Lower Cretaceous gas shales in northeastern British Columbia, part II: evaluation of regional potential gas resources [J]. Bulletin of Canadian Petroleum Geology, 2008, 56(1): 1-21.

[96] Raut U, Famá M, Teolis BD, et al. Characterization of porosity in vapor-deposited amorphous solid water from methane adsorption[J]. Journal of Chemical Physics, 2007, 127(20): 12049-12056.

[97] Hall FE, Zhou C, Gasem KAM, et al. Adsorption of pure methane nitrogen, and carbon dioxide and their binary mixture on wet Fruitland coal [C]//SPE Eastern Regional Conference and Exhibition, Charleston, West Virginia: Society of Petroleum Engineers, November 8-10, 1994.

[98] Sircar S. Gibbsian Surface excessfor gas adsorption revisited[J]. Industrial & Engineering Chemistry Research, 1999, 38(10): 3670-3682.

[99] Murata K, Elmerraoui M, Kaneko K. A new determination method of absolute adsorption isotherm of supercritical gases under high pressure with a special relevance to density - functional theory study [J]. Journal of Chemical Physics, 2001, 114(9): 4196-4205.

[100] Do DD, Do HD. Adsorption of supercritical fluids in non-porous and porous carbons: analysis of adsorbed phase volume and density[J]. Carbon, 2003, 41(9): 1777-1791.

[101] Setzmann U, Wagner W, Pruss A. A new equation of state and tables of thermodynamic properties for methane covering the range from the melting line to 625 K at pressures up to 1000 MPa[J]. Journal of Physical and Chemical Reference Data, 1991, 20(20): 1061-1151.

[102] Gensterblum Y, Hemert PV, Billemont P, et al. European inter - laboratory comparison of high pressure CO_2 sorption isotherms. I: Activated carbon[J]. Carbon, 2009, 47(13): 2958-2969.

[103] Xia X, Tang Y. Isotope fractionation of methane during natural gas flow with coupled diffusion and adsorption/desorption[J]. Geochimica Et Cosmochimica Acta, 2012, 83(1): 489-503.

[104] Gasparik M, Bertier P, Gensterblum Y, et al. Geological controls on the methane storage capacity in organic-rich shales[J]. International Journal of Coal Geology, 2014, 123(2): 34-51.

[105] Tan JQ, Weniger P, Krooss B, et al. Shale gas potential of the major marine shale formations in the Upper Yangtze Platform, South China, part II: methane sorption capacity[J]. Fuel, 2014, 129(7): 204-218.

[106] Busch A, Alles S, Gensterblum Y, et al. Carbon dioxide storage potential of shales[J]. International Journal of Greenhouse Gas Control, 2008, 2 (3): 297-308.

[107] Busch A, Gensterblum Y, Krooss BM. Methane and CO2 sorption and desorption measurements on dry Argonne premium coals: pure components and mixtures[J]. International Journal of Coal Geology, 2003, 55(2-4): 205-224.

[108] Wang CC, Juang LC, Lee CK, et al. Effects of exchanged surfactant cations on the pore structure and adsorption characteristics of montmorillonite [J]. Journal of Colloid & Interface Science, 2004, 280(1): 27-35.

[109] Gasparik M, Ghanizadeh A, Bertier P, et al. High pressure methane sorption isotherms of black shales from the Netherlands[J]. Energy Fuel, 2012, 26(8): 4995-5004.

[110] Chlou CT, Rutherford DW, Manes M. Sorption of N_2 and EGME vapors on some soils, clays, and mineral oxides and determination of sample surface areas by use of sorption data[J]. Environmental science and technology, 1993, 27(8): 1587-1594.

[111] Venaruzzo JL, Volzone C, Rueda ML, et al. Modified bentonitic clay minerals as adsorbents of CO, CO_2 and SO_2 gases[J]. Microporous & Mesoporous Materials, 2002, 56(1): 73-80.

[112] Voskuilen TG, Pourpoint TL, Dailly AM. Hydrogen adsorption on microporous materials at ambient temperatures and pressures up to 50 MPa [J]. Adsorption-journal of the International Adsorption Society, 2012, 18 (3-4): 239-249.

[113] Clarkson CR, Bustin RM. Variation in micropore capacity and size distribution with composition in bituminous coal of the Western Canadian Sedi-

mentary Basin[J]. Fuel, 1996, 75(13): 1483-1498.

[114] Ji SI, Park SJ, Kim TJ, et al. The study of controlling pore size on electrospun carbon nanofibers for hydrogen adsorption[J]. Journal of Colloid & Interface Science, 2008, 318(1): 42-49.

[115] Gogotsi Y, Portet C, Osswald S, et al. Importance of pore size in high-pressure hydrogen storage by porous carbons[J]. International Journal of Hydrogen Energy, 2009, 34(15): 6314-6319.

[116] Busch A, Gensterblum Y, Krooss BM, et al. Investigation of high-pressure selective adsorption/desorption behaviour of CO_2 and CH_4 on coals: an experimental study[J]. International Journal of Coal Geology, 2006, 66(1-2): 53-68.

[117] Ruthven DM. Principle of adsorption and adsorption process[M]. New York: John Wiley & Sons Inc, 1984: 62-63.

[118] Chen Y, Pope TL. Novel CO_2-emulsified viscoelastic surfactant fracturing fluid system [C] // SPE European Formation Damage Conference, Sheveningen: Society of Petroleum Engineers, May 25-27, 2005.

[119] Berret JF, Gamezcorrales R, Séréro Y, et al. Shear-induced micellar growth in dilutesurfactant solutions[J]. Europhys. Lett, 2001, 54(5): 605-611.

[120] 王凯. 胶束中分子间弱相互作用的高压研究[D]. 长春: 吉林大学, 2008: 31-39.

[121] Mao ZS. Knowledge on Particle Swarm: the important basis for multi-scale numerical simulation of multiphase flows [J]. Chinese Journal of Process Engineering, 2008, 8(4): 645-659.

[122] Kendoush AA, Sulaymon AH, Mohammed SAM. Experimental evaluation of the virtual mass of two solid spheres accelerating in fluids [J]. Experimental Thermal & Fluid Science, 2007, 31(7): 813-823.

[123] Clark PE, Quadir JA. Proppant transport in hydraulic fractures: a critical review of particle settling velocity equations[C] // SPE/DOE Low Permeability Gas Reservoirs Symposium, Denver: May 27-29, 1981.

[124] Roodhart LP. Proppant settling in non-Newtonian fracturing fluids[C] // SPE/DOE Low Permeability Gas Reservoirs Symposium, Denver: Society

of Petroleum Engineers, May 19-22, 1985.

[125] Adrian RJ. Particle imaging techniques for experimental fluid mechanics [J]. Annual Review of Fluid Mechanics, 1999, 23(1): 261-304.

[126] Gu D, Tanner RI. The drag on a sphere in a power-law fluid[J]. Journal of Non-Nowtonian Fluid Mechanics, 1985, 17(1): 1-12.

[127] 丁云宏, 丛连铸. CO_2泡沫压裂液的研究与应用[J]. 石油勘探与开发, 2002, 29(4): 103-105.

[128] 管保山, 王晓东, 周晓群等. 清洁压裂液流变特性与工艺研究 [C]//李文阳. 流变学进展. 北京: 中国科学技术出版社, 2002: 352-356.

[129] 付永强, 马发明, 曾立新等. 页岩气藏储层压裂实验评价关键技术 [J]. 天然气工业, 2011, 31(4): 51-54.

[130] 王凯. 非牛顿流体的流动、混合和传热[M]. 杭州: 浙江大学出版社, 1988: 66-68.

[131] 章熙民等. 传热学[M]. 北京: 中国建筑工业出版社, 2007: 108-111.

[132] Vesovic V, Wakeham WA, Olchowy GA, et al. The transport properties of carbon dioxide[J]. Journal of Physical & Chemical Reference Data, 1990, 19(19): 763-808.

[133] Zhao YL, Zhang LH, Luo JX, et al. Performance of fractured horizontal well with stimulated reservoir volume in unconventional gas reservoir [J]. Journal of Hydrology, 2014, 512(10): 447-456.

[134] Page JC, Miskimins JL. A comparison of hydraulic and propellant fracture propagation in a shale gas reservoir[J]. Journal of Canadian Petroleum Technology, 2009, 48(5): 26-30.

[135] Gale JFW, Robert MR, Jon H. Natural fractures in the Barnett shale and their importance for hydraulic fracture treatments[J]. AAPG Bulletin, 2007, 91(4): 603-622.

[136] 张行. 断裂与损伤力学[M]. 北京: 北京航空航天大学出版社, 2009: 25-28.

[137] 阳友奎, 肖长富, 邱贤德等. 水力压裂裂缝形态与缝内压力分布 [J]. 重庆大学学报: 自然科学版, 1995, 18(3): 20-26.

[138] 郭建春, 尹建, 赵志红. 裂缝干扰下页岩储层压裂形成复杂裂缝可行性[J]. 岩石力学与工程学报, 2014, 33(8): 1589-1596.

[139] Cipolla CL, Warpinski NR, Mayerhofer MJ. Hydraulic fracture complexity: diagnosis, remediation, and exploitation[C]//SPE Asia Pacific Oil and Gas Conference and Exhibition, Perth: Society of Petroleum Engineers, October 20-22, 2008.

[140] Sondergeld CH, Newsham KE, Comisky JT, et al. Petrophysical considerations in evaluating andproducing shale gas resources[C]//SPE Unconventional Gas Conference, Pittsburgh, Pennsyivania: Society of Petroleum Engineers, February 23-25, 2010.

[141] Fisher MK, Heinze JR, Harris CD, et al. Optimizing horizontal completion techniques in the Barnett shale using microseismic fracture mapping[C]//SPE Annual Technical Conference and Exhibition, Houston: Society of Petroleum Engineers, September 26-29, 2004.

[142] Mayerhofer M, Lolon E, Warpinski N, et al. What is stimulated reservoir volume? [J]. SPE Production & Operations, 2010, 25(1): 89-98.